月刊誌

数理科学

毎月 20 日発売
本体 954 円

予約購読のおすすめ

本誌の性格上、配本書店が限られます。**郵送料弊社負担**にて確実にお手元へ届くお得な予約購読をご利用下さい。

年間　**11000円**
　　　　　（本誌**12**冊）

半年　　**5500**円
　　　　　（本誌**6**冊）

予約購読料は**税込み価格**です。

なお、**SGC** ライブラリのご注文については、予約購読者の方には、商品到着後のお支払いにて承ります。

お申し込みはとじ込みの振替用紙をご利用下さい！

サイエンス社

SGCライブラリ-156

数理流体力学への招待

ミレニアム懸賞問題から乱流へ

米田 剛 著

サイエンス社

まえがき

　Clay 財団は 2000 年に，数学の未解決問題を七つ挙げた．それぞれの未解決問題に 100 万ドル
の懸賞金がかけられており，従って「ミレニアム懸賞問題」と呼ばれている．そのうちのひとつが
「3 次元 Navier-Stokes 方程式の滑らかな解は時間大域的に存在するのか，または解の爆発が起こ
るのか」である．この未解決問題に関わる研究は Leray(1934) から始まり，Fujita-Kato(1964) に
よる強解の結果（Fujita-Kato の原理）によって飛躍的に進展したが，2019 年 10 月現在，最終的
な解決には至っていない．その原因として，Navier-Stokes 方程式に本質的に内在する非線形相互
作用を深く洞察する為の数学解析道具が十分にそろっていないからだと思われる．一方で，その非
線形相互作用によって生成される乱流は，19 世紀後半の Reynolds のパイプ内にインクを流す実験
から始まり，1922 年の乱流のカスケード描像を見出した Richardson, 20 世紀半ばに一様等方性乱
流の統計理論を確立した Kolmogorov らによる本質的な寄与により，今現在でも活発に研究がおこ
なわれている．しかしながら，乱流研究サイドでも，非線形相互作用そのものを扱うのは大変難し
く，「渦粘性」といった近似化，そして「統計」が主な解析道具となる（最近では「機械学習」も使
われるようになってきている）．

　上述の現状を踏まえた上で，本書では，非圧縮 Navier-Stokes 方程式，及び非圧縮 Euler 方程式
の数学解析について解説する．特に，純粋数学的洞察により流体物理現象の解明に迫る「数理流体
力学」への入門を想定している．

　そういった偏微分方程式の研究を開始する際，先ずは Hadamard の意味での「**適切性**」から入
るのが一般的であろう．**適切性**とは

1. 解の存在
2. 解の一意性
3. 解が初期値に対して連続的に依存する

ことを意味する．本書の主題の一つである**ノルム・インフレーション**（日本語に訳すると "ノルム
の急増大" といったところだろうか．数学辞典の第 4 版にも載っていない新しい概念である）は，
「解が初期値に対して連続的に依存しない」状況を表している．本書の第 5 章では，この意味にお
ける<u>非適切性</u>を扱っている．

　以下，簡単に各章の説明を行おう．

　第 1 章では Fourier 解析の基礎事項について簡単にまとめた．第 2 章で登場する Fourier 級数展
開された Navier-Stokes 方程式，及び第 4 章における Sobolev 空間の説明の為の準備である．

　第 2 章では「Navier-Stokes 方程式に対するミレニアム懸賞問題」に焦点を当てている．先ず

は，Navier-Stokes 乱流の数値計算などでよく使われる Fourier 級数展開された Navier-Stokes 方程式（常微分方程式）を定義し，その解の存在定理を述べる．微分積分学で習う「連続関数列の一様収束先は連続関数である」さえ把握していれば，その存在定理が理解できるように注力した．これは，ミレニアム懸賞問題を初学者に最短距離で説明する為である（通常の偏微分方程式としての Navier-Stokes 方程式の場合，L^p 空間・Sobolev 空間等の関数空間の設定が必要不可欠で，それらの説明にどうしても時間がかかってしまう）．そのミレニアム懸賞問題に関わる先行研究として Beale-Kato-Majda criterion や Constantin-Fefferman の direction of vorticity, Prodi-Serrin-Ladyzhenskaya type regularity criteria, Caffarelli-Kohn-Nirenberg Theorem などが挙げられるが，紙面の都合上，ここではそれらを思い切って省略した（適宜調べられたい．ただ，5.2 節で使われているアイデアは，その Beale-Kato-Majda criterion の範疇に含まれる）．その代わりに，そのミレニアム懸賞問題の難しさのキーワードとして**vortex stretching**が浮き彫りになるように注力した．

第 3 章では，Lebesgue 積分・Sobolev 空間の基礎事項を簡潔にまとめた．それらの概念をすでに習得されている場合は，この章を読み飛ばして一向に構わない．

第 4 章，第 5 章では，Sobolev 空間 $H^s(\mathbb{R}^d)$ における Euler 方程式の解の存在（一意性）・非適切性を論じている．本書では，その非圧縮 Euler 方程式を洞察する際，Sobolev 空間を

$$s = d/2 + 1 \text{ で critical}, \ s > d/2 + 1 \text{ で subcritical}$$

と呼ぶ（d は次元である）．この呼び名は Sobolev の埋め込み定理に由来する．また，第 5 章の非適切性の証明に関しては，Lebesgue 積分を極力使わず，微分積分学だけで核となるアイデアが理解できるように心掛けた．

第 6 章，第 7 章では，純粋数学者の立場から乱流を論じており，本書で述べられているような数学者視点は全く新しい．乱流研究では「スケール間のエネルギー移動」のメカニズム解明が最も重要な研究課題の一つであり，第 5 章の「Euler 方程式の解のノルム・インフレーション」が，その進展のための重要なカギの一つとなっているのではないか，と本書では指摘している．

以下に，本書を読むにあたって注意すべき点を羅列しておこう．

- 本書では，正の定数 C を，その都度適当な有限の数とみなす（定数の依存性を強調したほうがよい場合は，その都度強調している）．
- $a \lesssim b$ は，ある定数 $C > 0$ が存在して，$a \leq Cb$ を意味する．
- $a \approx b$ は，ある定数 $C > 0$ が存在して，$C^{-1}a \leq b \leq Ca$ を意味する（ただし，第 6 章に出てくる "〜" は少し意味合いが異なる）．
- $\mathbb{Z}$ は整数全体を表し，$\mathbb{Q}$ は有理数，$\mathbb{R}$ は実数全体を表す．$\mathbb{T} := \mathbb{R}/\mathbb{Z}$ と定義する．
- C^k を C^k 級関数全体とし，C^∞ を無限回微分可能な関数全体とする．
- 関数 $f : \mathbb{R} \to \mathbb{R}$ がコンパクトサポートを持つとは，ある実数 $R > 0$ が存在して

$$f(x) = 0, \quad x \in (-\infty, -R) \cup (R, \infty)$$

が成立することである（多変数・ベクトル値関数でも同様に定義できる）．それを踏まえた

上で，

$$C_c^\infty(\mathbb{R}) := \{f \in \cap_{k=0}^\infty C^k(\mathbb{R}) : \exists R > 0, \ f(x) = 0 \quad \text{for} \ \ x \in (-\infty, -R) \cup (R, \infty)\}$$

と定義する（c は英語の compact の略である）．多変数・ベクトル値関数のときも同様に定義する．

- $\int_\mathbb{R} f(x)dx$ を $\int f$ と略すことがある．また関数空間に関しても，例えば $L^2(\mathbb{R}^d)$ を L^2 と略すことがある．$\hat{f}(\xi) \in L_\xi^2$ と書く場合は，"関数 $\hat{f}$ の変数 ξ による L^2 ノルムが有限である"，という意味である．

- また f^j $(j = 1, 2, 3, \cdots)$ という関数列を $\{f^j\}_{j=1}^\infty$ と書くが，これを省略して $\{f^j\}_j$ と書くこともある．

- また，日本人，外国人に関わらず，文献情報は人名で述べることにし，それはなるべくアルファベットで表記した（時々カタカナ・漢字で表記されることもある）．

第 6 章は，2017 年の 8 月に東大数理で開催された Summer School 数理物理「乱流とパーコレーション」における筆者自身の講演発表がその原点となっております．そのような発表の機会を与えて下さった河東泰之先生と緒方芳子先生に感謝申し上げます．また，その時の著者の講演内容が，Goto-Saito-Kawahara[26] で述べられている乱流の素過程に通じるものがあると指摘して下さった犬伏正信先生，そして，乱流の画像を快く提供して下さり，さらに第 7 章の執筆内容をチェックして下さった後藤晋先生に感謝申し上げます．第 5 章にまとめている Euler 方程式の非適切性の内容は，2019 年の 7 月 22 日から 8 月 2 日にかけて，アメリカの California 州・Berkeley（MSRI）で開催された Summer School "Recent topics on well-posedness and stability of incompressible fluid and related topics" における筆者自身の連続講演に基づいております．その時に，その非適切性の数学的内容を鋭くチェックして下さった Patrick Heslin 氏に感謝申し上げます．また，本書を執筆するにあたり，様々な助言を下さった澤野嘉宏先生，中井英一先生と向井晨人氏に改めてこの場を借りて感謝申し上げます．最後に本書を恩師・中井英一先生と儀我美一先生，そして父の米田薫に捧げます．

2019 年 10 月

米田　剛

目　次

第 1 章
Fourier 級数の基礎事項

1.1　Fourier 級数の基礎事項およびスケール概念

　この章は，Fourier 級数について簡潔にまとめている．まずは 2 次元ユークリッド空間（2 次元平面）上のベクトルを考える．一つのベクトル $\vec{a}$ が与えられた場合，そのベクトルの長さ（ノルム）を「内積」から定義でき，その内積と長さから，二つのベクトル $\vec{a}$ と $\vec{b}$ の角度が定義できる．

$$\vec{a} = \begin{pmatrix} a_1 \\ a_2 \end{pmatrix}, \ \vec{b} = \begin{pmatrix} b_1 \\ b_2 \end{pmatrix}$$

とすると，内積は

$$\vec{a} \cdot \vec{b} := a_1 b_1 + a_2 b_2$$

と定義される．ノルム（長さ）を

$$|\vec{a}| := \sqrt{\vec{a} \cdot \vec{a}} = \sqrt{a_1^2 + a_2^2}$$

と定義し，二つのベクトルの角度 θ を

$$\cos\theta := \frac{\vec{a} \cdot \vec{b}}{|\vec{a}||\vec{b}|}$$

から定義する．

図 1.1　内積のイメージ．

これらの概念は 2 次元平面に描かれる矢印のイメージからごく自然に導かれるが，逆にこの内積から導かれるノルム，角度を使って様々なベクトル空間が作られる.

例 1.1 d 次元ユークリッド空間 $\mathbb{R}^d$

$$\vec{a} = \begin{pmatrix} a_1 \\ a_2 \\ \vdots \\ a_d \end{pmatrix}, \ \vec{b} = \begin{pmatrix} b_1 \\ b_2 \\ \vdots \\ b_d \end{pmatrix} \in \mathbb{R}^d$$

に対して，

$$\vec{a} \cdot \vec{b} = a_1 b_1 + a_2 b_2 + \cdots + a_d b_d$$

と内積を定義すると，前述の 2 次元平面のときと同様にノルムと二つのベクトルの角度が定義できる.

例 1.2 $\mathcal{P}_n$ を高々 n 次多項式全体とする．要は $c_0 + c_1 x + \cdots + c_n x^n$ $(c_0, \cdots, c_n \in \mathbb{R})$ 全体である．積分を使って

$$\int_0^1 f(x)g(x)dx$$

を内積と定義すると，前述の 2 次元平面と同様にノルムと二つのベクトルの角度が定義できる.

図 1.2　多項式 f と g を "矢印" へと抽象化する.

内積が定義されると，「正規直交基底」の概念を導くことができる．上述の有限次元の例の場合は，自明な正規直交基底を得ることができる.

$\mathbb{R}^d$ の場合：

$$\left\{ \begin{pmatrix} 1 \\ 0 \\ 0 \\ \vdots \\ 0 \end{pmatrix}, \ \begin{pmatrix} 0 \\ 1 \\ 0 \\ \vdots \\ 0 \end{pmatrix} \cdots \begin{pmatrix} 0 \\ 0 \\ 0 \\ \vdots \\ 1 \end{pmatrix} \right\} =: \{e_1, e_2, \cdots, e_d\}$$

が最も簡単に得られる正規直交基底となる．このとき，$e_i \cdot e_j = 0 \ (i \neq j)$,

$|e_i| = 1$ を満たす．そして，正規直交基底の最も重要な性質として，次が言える：任意の $\vec{a} \in \mathbb{R}^d$ に対して $c_1, c_2, \cdots, c_d \in \mathbb{R}$ が存在して

$$\vec{a} = c_1 e_1 + c_2 e_2 + \cdots + c_d e_d$$

が得られる．多項式の例の場合も同様にできる．

　では，Fourier 級数の話に入ろう．$k \in \{2, 3, 4, \cdots\}$ に対する任意の C^k 級の周期関数，すなわち $f(x) = f(x + m)$ $(m \in \mathbb{Z})$ を満たす任意の C^k 関数に対しても正規直交基底が存在する（ただし，無限次元となる）．そして，その正規直交基底の代表例が三角関数 $\sqrt{2} \sin 2n\pi x$, $\sqrt{2} \cos 2n\pi x$ $(n = 0, 1, \cdots)$ である．内積に関しては，0 から 1 までの積分（多項式の場合と同じ）とすればよい．実際のところ，

$$\int_0^1 \sin 2n\pi x \sin 2m\pi x dx = 0 \; (n \neq m), \quad \int_0^1 \sin 2n\pi x \cos 2m\pi x dx = 0,$$

$$\int_0^1 \cos 2n\pi x \cos 2m\pi x dx = 0 \; (n \neq m), \quad \int_0^1 \cos 2n\pi x \sin 2m\pi x dx = 0,$$

$$2 \int_0^1 \sin 2n\pi x \sin 2n\pi x dx = 1, \quad 2 \int_0^1 \cos 2n\pi x \cos 2n\pi x dx = 1$$

という積分計算から正規直交性を持つことが分かる．

　次の定理は Stein-Shakarchi[11] の第 2 章：系 2.4 及び 6. 練習 10 の抜粋である（証明は省略する）．

定理 1.3 $k \in \{2, 3, 4, \cdots\}$ に対する任意の C^k 級の周期関数，すなわち $f(x) = f(x + m)$ $(m \in \mathbb{Z})$ を満たす任意の C^k 関数 f に対して

$$a_n := \sqrt{2} \int_0^1 f(x) \sin 2n\pi x dx, \quad b_n := \sqrt{2} \int_0^1 f(x) \cos 2n\pi x dx$$

と置く．すると

$$f(x) = \lim_{N \to \infty} \sum_{n=0}^N \left(a_n \sqrt{2} \sin(2n\pi x) + b_n \sqrt{2} \cos(2n\pi x) \right)$$

が得られる（収束は一様収束）．そして，Fourier 係数が

$$|a_n| + |b_n| \lesssim (1 + |n|^2)^{-k/2} \quad (n = 0, 1, \cdots) \tag{1.1}$$

と評価される．一様収束性に関しては，α-Hölder 連続関数全体 $(1/2 < \alpha \leq 1)$

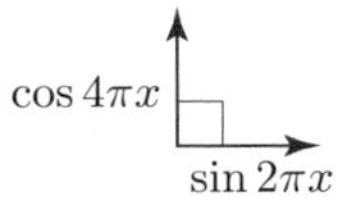

図 1.3　Fourier 級数のイメージ（図は 2 次元だが，実際は無限次元である）．

にまで拡張できる（Arai[2] の 1 章, 1.3 節を参照）．

補足 1.4　この Fourier 級数の収束性問題の歴史は長いが，2019 年 10 月現在においても研究が精力的に進められている．特に Gibbs-Wilbraham 現象，Pinsky 現象とは違う新しい現象（**倉坪現象**）が最近発見されており，大変興味深い (Kuratsubo-Nakai-Ootsubo [34])．

　関数の滑らかさが **Fourier 係数** a_n, b_n の減衰に対応していることが理解できよう．要は，**Fourier 級数**においては，微分概念が多項式の減衰度合いに変換されている点が重要なポイントとなる．後で定義される **Sobolev** 空間及びそれに関連するノルム不等式も，その点が本質となる．
　"関数全体の振る舞いそのもの"を洞察したい場合，その Fourier 係数の減衰度合いに着目することでそれが可能となる．特に，第 6 章で本質的な役割を持つ「スケール」という概念と非常に相性が良い．しかしながら，「空間上のどの点で関数の滑らかさが悪くなるのか？」といった"空間局所的"な問いには Fourier 解析は適さない．

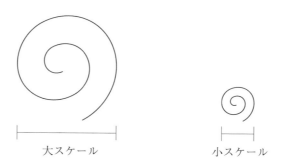

大スケール　　　　　　　　小スケール

図 1.4　スケールのイメージ：全体的な関数の振る舞いを「スケール」という概念で把握する．

　実は，これはかなり本質的で，"Fourier 解析の**不確定性原理**"と深く関わっている（不確定性原理に関しては，例えば Ashino-Yamamoto[1] を参照．例えば，実空間と Fourier 空間両方でコンパクトな台を持つ関数が存在しないことが Paley-Wiener の定理によって知られている．[11] も参照のこと．これをより深く突き詰めたのがその不確定性原理である）．ここでは簡単のため，Fourier 係数 a_n b_n が絶対収束する Fourier 級数，すなわち，sin, cos 関数の無限和全体 X について考えよう（これは [11] の第 2 章の系 2.3 に対応する）．

$$X = \left\{ f(x) = \sum_{n=0}^{\infty} \left(a_n \sqrt{2} \sin(2n\pi x) + b_n \sqrt{2} \cos(2n\pi x) \right) : \sum_n (|a_n| + |b_n|) < \infty \right\}.$$

上の定理 1.3 の通り，任意の C^k 級周期関数（$k = 2, 3, 4, \cdots$）の Fourier 係数

は絶対収束する．次の定理は，微分積分学で学ぶ「連続関数列の一様収束」を使うことによって証明される（証明そのものは省略）．

定理 1.5 X は周期連続関数全体に含まれている．

補足 1.6 Hölder の不等式 $\sum_n (|a_n| + |b_n|) \lesssim \sum_n |n|^s(|a_n|^2 + |b_n|^2)$ $(s > 1/2)$ より，以下の $h^s(\mathbb{T})$ $(s > 1/2)$ も，周期連続関数全体に含まれる．

$$h^s(\mathbb{T}) = \left\{ f(x) = \sum_{n=0}^{\infty} \left(a_n \sqrt{2} \sin(2n\pi x) + b_n \sqrt{2} \cos(2n\pi x) \right) : \right.$$
$$\left. \sum_n |n|^s(|a_n|^2 + |b_n|^2) < \infty \right\}.$$

ここで定義されている $h^s(\mathbb{T})$ は，**第 3 章**で定義される **Sobolev** 空間 H^s と根本的なアイデアは同じである．

補足 1.7 Fourier 級数が或る点で発散する周期連続関数の構成方法が知られており，従って，周期連続関数全体それ自体と X の間には大きなギャップが存在する（[11] の 3 章 2.2 を参照．そのギャップは「新しくかつ広大な現象」と表現されている）．実際のところ，第 5 章の Euler 方程式の非適切性も，そのような「新しくかつ広大な現象」に着目している．

図 1.5　俯瞰図（厳密には「新しくかつ広大な現象」は周期連続関数全体の外側にも広がっている）．

1.2　熱方程式の Fourier 級数展開

次章では Fourier 級数展開された Navier-Stokes 方程式を扱う．偏微分方程式を Fourier 級数展開する際には「Fourier 係数の一意性」がキーポイントとなる．そのことを説明するために，この節では，以下の 1 次元熱方程式

$$\partial_t u(t,x) = \partial_x^2 u(t,x), \quad t \geq 0, \ x \in \mathbb{R}$$

を用いよう．$u(t,x) = \sum_{n=0}^{\infty}(a_n(t)\sqrt{2}\sin 2\pi nx + b_n(t)\sqrt{2}\cos 2\pi nx)$ を形式的に上の方程式に代入する（形式的に無限和と微分の順序を交換する）．すると

$$\sum_{n=0}^{\infty}\left(\frac{d}{dt}a_n(t)\sqrt{2}\sin 2\pi nx + \frac{d}{dt}b_n(t)\sqrt{2}\cos 2\pi nx\right)$$
$$= -\sum_{n=0}^{\infty}\left((2\pi n)^2 a_n(t)\sqrt{2}\sin 2\pi nx + (2\pi n)^2 b_n(t)\sqrt{2}\cos 2\pi nx\right)$$

が得られる．これは

$$\sum_{n=0}^{\infty}\left[(\frac{d}{dt}a_n(t) + (2\pi n)^2 a_n(t))\sqrt{2}\sin 2\pi nx \right.$$
$$\left. + \left(\frac{d}{dt}b_n(t) + (2\pi n)^2 b_n(t)\right)\sqrt{2}\cos 2\pi nx\right] = 0$$

を意味する．ここで，以下に紹介する Fourier 級数の一意性定理（定理 1.8）を適用する．そうすると結局 1 次元熱方程式は

$$\frac{d}{dt}a_n(t) + (2\pi n)^2 a_n(t) = 0,$$
$$\frac{d}{dt}b_n(t) + (2\pi n)^2 b_n(t) = 0 \quad \text{for} \quad n = 0, 1, \cdots$$

という常微分方程式に帰着される．この常微分方程式化のアイデアによって，次章で取り扱う（常微分方程式化された）Navier-Stokes 方程式が得られる．では Fourier 級数の一意性定理を示そう．

定理 1.8 任意の $f \in X$ において，$f(x) = \sum_{n=0}^{\infty}(a_n\sqrt{2}\sin 2\pi nx + b_n\sqrt{2}\cos 2\pi nx) = 0$ なら $a_n = b_n = 0$ $(n = 0, 1, \cdots)$ である．

補足 1.9 Fourier 級数にはかなり深遠な数理的構造が潜んでおり，その点において，表現論は，その Fourier 級数の深遠な構造を明らかにするうえで重要な研究分野である（[8] の定理 2.3 と定理 2.4 を比較されたい）．

証明 m を任意にとってそれを固定し，$a_m = 0$ となることを示そう．$f \in X$ より，任意の $\epsilon > 0$ に対して或る N が存在し，$2\sum_{n>N}(|a_n| + |b_n|) < \epsilon$ となる．この N は m よりも大きくなるように取り直そう．仮定より

$$\sum_{n \leq N} a_n\sqrt{2}\sin 2\pi nx + b_n\sqrt{2}\cos 2\pi nx$$
$$= -\sum_{n > N} a_n\sqrt{2}\sin 2\pi nx + b_n\sqrt{2}\cos 2\pi nx$$

と分解できる．そして両辺に $\sqrt{2}\sin 2\pi mx$ $(m \leq N)$ をかけて 0 から 1 まで積分する．このとき，

$$\sum_{n \leq N} \int_0^1 \left(a_n \sqrt{2} \sin 2\pi nx + b_n \sqrt{2} \cos 2\pi nx \right) \sqrt{2} \sin 2\pi mx \, dx =$$

$$-\int_0^1 \sum_{n > N} \left(a_n \sqrt{2} \sin 2\pi nx + b_n \sqrt{2} \cos 2\pi nx \right) \sqrt{2} \sin 2\pi mx \, dx$$

となる．$m \leq N$ と取ったので，$\sin$ の項に関しては $m \neq n$ となる n 全てにおいてその積分は 0 となり，$m = n$ となる項のみ，その積分が生き残り，その値は 1 となる．$\cos$ の項に関しては全部 0 となる．右辺はそのまま絶対値を使って評価していけばよく，結局

$$|a_m| \leq \epsilon$$

となる．ϵ は任意なので，結局 $a_m = 0$ となる．$b_m = 0$ も同様に示される．

第2章

Navier-Stokes 方程式の解の存在定理：ミレニアム懸賞問題

2.1 Fourier 級数展開された Navier-Stokes 方程式

Clay 財団は 2000 年に，数学の未解決問題を七つ挙げた．それぞれの未解決問題に 100 万ドルの懸賞金がかけられている（ミレニアム懸賞問題）．そのうちのひとつが「3 次元 Navier-Stokes 方程式の滑らかな解は時間大域的に存在するのか，または解の爆発が起こるのか」である．時間大域解とは，任意の時刻までの解の存在を意味し，後で出てくる時間局所解は，或る有限時刻までの解の存在を意味する．数学分野で長年取り組まれてきている未解決問題だが，最終的な解決には至っていない（2019 年 10 月現在）．このミレニアム懸賞問題自体の歴史に関しては，良い論評が既に多数存在するのでそれらに譲ることとする（例えば Kozono の記事 [6,7] や Okamoto の記事 [3] を参照のこと．実際のところ，筆者はこれらの記事を足掛かりにしながらそのミレニアム懸賞問題を学習した）．また，解の時間大域的存在の問題は 3 次元 Euler 方程式でも未解決であり，100 万ドルの懸賞金がかけられてはいないものの，Navier-Stokes 方程式と同様に重要な未解決問題である（第 4 章参照）．

本章では，まずは Fourier 級数展開された Navier-Stokes 方程式（常微分方程式）を定義し，その解の存在定理を述べたい．これは，ミレニアム懸賞問題を初学者に最短距離で説明する為である（通常の偏微分方程式としての Navier-Stokes 方程式の場合，L^p 空間・Sobolev 空間等の関数空間の設定が必要不可欠で，それらの説明にどうしても時間がかかってしまう）．Navier-Stokes・Euler 方程式の物理的背景に関しては，他の良著に譲ることにし，本書では省略する．まずはそれらを知りたい場合，例えば Okamoto[4] を参照されたい．特に当該書物の 2，3，4 章には，Navier-Stokes 方程式や Euler 方程式における具体的な流れの例が沢山示されており，「流体」の感覚を養うには最適である．Fourier 級数展開された Navier-Stokes 方程式それ自体は，実際はすでに乱流物理分野でよく使われている．より具体的には，スペクトル法という手法

による Navier-Stokes 乱流を数値計算で実現する際によく使われる．より詳しくは，Kida-Yanase[14] の 16.4 章「スペクトル法の応用（周期流）」を参照．本書では，より数学的な記述スタイルに沿ってその方程式を書き下す．ここではミレニアム懸賞問題そのものに焦点を当てているので，物理分野でよく行われている次元解析などの説明は省略する（粘性係数などの物理定数は全て 1 とするが，この場合の Reynolds 数は，初期値の大きさに反映されていると思ってよい）．Fourier 級数展開された Navier-Stokes 方程式なら，線形代数学と微分積分学の知識だけで理解できるので，入門としては適している．前章で，熱方程式の Fourier 級数展開を論じているので，どのようなアイデアで Fourier 級数展開をしているのかを具体的に知りたい場合はそちらを参考して頂きたい．また，偏微分方程式としての通常の Navier-Stokes 方程式の解の存在定理を学びたい場合は，例えば，Kakita-Shibata[9] や Ogawa[5] を参照されたい．

Fourier 級数展開された **Navier-Stokes 方程式**は，$n = (n_1, n_2, n_3) \in \mathbb{Z}^3$ に対して

$$\begin{cases} \dfrac{d}{dt} u_n(t) = -|n|^2 u_n(t) - i P_n \sum_{\substack{n=k+m \\ k,m \in \mathbb{Z}^3}} (u_k(t) \cdot n) u_m(t) \\ n \cdot u_n(t) = 0 \end{cases} \quad (2.1)$$

と表現される．3 次元に限定しているが，2 次元，多次元の場合も同様である（Kida-Yanase[14] の 16.4 章では，Fourier 級数展開された渦度方程式であることに注意する）．以下この方程式で使われている記号について説明する．i は虚数であり，$i^2 = -1$ である．$u_n(t)$ は複素ベクトル値関数，すなわち $u_n(t) = \alpha_n(t) + i\beta_n(t)$（$\alpha_n(t), \beta_n(t)$ は共に実ベクトル値関数）となる．定義域はとりあえず $[0, T]$ としておこう（この $T \in (0, \infty]$ が具体的にどうなるかは，ここではあえて述べない）．すなわち $u_n(t)$ は

$$u_n(t) = \begin{pmatrix} u_{n,1}(t) \\ u_{n,2}(t) \\ u_{n,3}(t) \end{pmatrix} = \begin{pmatrix} \alpha_{n,1}(t) + i\beta_{n,1}(t) \\ \alpha_{n,2}(t) + i\beta_{n,2}(t) \\ \alpha_{n,3}(t) + i\beta_{n,3}(t) \end{pmatrix}$$

というベクトル値である（添字 n, 1, 2, 3 を関数の上か下どちらに添えるかという点に関してはいつも悩ましいが，ここでは 1, 2, 3 も n も下に添えよう．微分形式に対する添字（Fukaya[12], p.56-p.57）と違って深い意味はない）．同様に

$$\frac{d}{dt} u_n(t) = \begin{pmatrix} \frac{d}{dt} u_{n,1}(t) \\ \frac{d}{dt} u_{n,2}(t) \\ \frac{d}{dt} u_{n,3}(t) \end{pmatrix}$$

と表される．P_n は **Helmholtz-Leray 射影**といい，$n \neq (0,0,0)$ のとき

$$P_n = \begin{pmatrix} 1 - \dfrac{n_1^2}{|n|^2} & -\dfrac{n_1 n_2}{|n|^2} & -\dfrac{n_1 n_3}{|n|^2} \\ -\dfrac{n_2 n_1}{|n|^2} & 1 - \dfrac{n_2^2}{|n|^2} & -\dfrac{n_3 n_2}{|n|^2} \\ -\dfrac{n_3 n_1}{|n|^2} & -\dfrac{n_3 n_2}{|n|^2} & 1 - \dfrac{n_3^2}{|n|^2} \end{pmatrix}, \qquad (2.2)$$

$n = (0,0,0)$ のとき P_n を単位行列として定義する．添え字が少々ややこしいが，例えば n_1^2 は n_1 の 2 乗である．この P_n の導出に関しては，4.1 節で改めて述べる．$|n|^2 = n_1^2 + n_2^2 + n_3^2$ であり，

$$(u_k \cdot n)u_m = (u_{k,1}(t)n_1 + u_{k,2}(t)n_2 + u_{k,3}(t)n_3) \begin{pmatrix} u_{m,1}(t) \\ u_{m,2}(t) \\ u_{m,3}(t) \end{pmatrix}$$

である．$n = k+m$ に関しては，次の具体例が分かりやすい．もし $n = (1,1,1)$ を取るとすると，$k \in \mathbb{Z}^3$，$m \in \mathbb{Z}^3$ に対して $n = k+m$ となるすべての組み合わせを足し合わせるということである．すなわち，$k = (1,1,2)$ and $m = (0,0,-1)$, $k = (1,1,3)$ and $m = (0,0,-2)$,$\cdots$, $k = (1,2,1)$ and $m = (0,-1,0)$, $\cdots$ といった組み合わせ全てを足し合わせる．

$n \cdot u_n(t) = n_1 u_{n,1}(t) + n_2 u_{n,2}(t) + n_3 u_{n,3}(t) = 0$ は **非圧縮性条件** (**divergence-free**) 条件という．非圧縮性の意味合いは，第 5 章で改めて説明する．今後は初期値にこの divergence-free 条件を課す．そうすると，解もこの divergence-free 条件を満たすことはすぐに分かる．

なお，$-|n|^2$ を粘性項，$iP_n \sum_{n=k+m}(u_k \cdot n)u_m$ を非線形項と言う．非線形項を除いたときの方程式 $\frac{d}{dt}u_n = -|n|^2 u_n$ が，前章で紹介した熱方程式に対応する．

演習問題 2.1 任意の実ベクトル a と n

$$a = \begin{pmatrix} a_1 \\ a_2 \\ a_3 \end{pmatrix}, \quad n = \begin{pmatrix} n_1 \\ n_2 \\ n_3 \end{pmatrix}$$

に対して $P_n a \cdot n = 0$ となることを示せ．

方程式は一見複雑な形をしているが，逆に言えば，今でも盛んに研究されている重要な流体方程式であるにもかかわらず，方程式の記述・説明がたった 1, 2 ページで済んでいる，ともいえる（流体が関わる研究には，ほぼ例外なく Navier-Stokes・Euler 方程式が関わっている）．

演習問題 2.2 Fourier 級数展開された 2 次元 Navier-Stokes 方程式を具体的に書き下せ．

Navier-Stokes 方程式の解の存在問題に関しては，1934 年の Leray[36] によ

る弱解の時間大域的存在の結果から始まり，1964 年の Fujita-Kato[24] による強解の結果によって飛躍的に進展した（「弱解」，「強解」についての説明は，本書では省略する．4 章では「弱解」の概念に関連する「弱収束」が出てくる）．85 年たった 2019 年 10 月現在でも精力的に研究が進められているが，先行結果はかなり膨大な量となるため，それを網羅することはここではしない．

　以下，ごく簡単に，その Navier-Stokes 方程式ですでに知られている結果をまとめておこう（主に強解に関する結果の説明となっており，弱解に関する結果の説明は省略する）．

3 次元の場合：
- 初期値の大きさに関係なく，一意で滑らかな時間局所解の存在が得られている．
- 小さな初期値に対して一意で滑らかな時間大域解の存在が得られている．

2 次元の場合：
- 初期値の大きさに関係なく，一意で滑らかな時間大域解の存在が得られている．

100 万ドル獲得のためには
- 3 次元 Navier-Stokes 方程式で，大きな初期値に対する一意で滑らかな時間大域解の存在（或いは解の爆発）を示せばよい．

初期値 ＼ 次元	2	3
小さな初期値	○	○
大きな初期値	○	?

　上述の「時間局所解」，「時間大域解」，「解の爆発」の意味は，あとで詳しく説明する．まずは，その Fourier 級数展開された Navier-Stokes 方程式の基本的性質を述べ，それ以降に，解の存在定理について詳しく説明する．

補足 2.1　非圧縮 Navier-Stokes 方程式や，次々章で紹介する Euler 方程式の（純粋数学としての）数学解析の難しさはいったいどこにあるのか？という問いに関して，「**特異積分作用素にある**」はその答えの一つになるだろう（特異積分作用素そのものの研究に関しては，例えば Yabuta[16] を参照）．特異積分作用素を初学者でも分かりやすく伝える為の最も単純な例は $1/x$ という一変数関数になるであろう．実際のところ，Helmholtz-Leray 射影 P_n がその特異積分作用素の一種となる．この関数 $1/x$ に絶対値をとったときの原点付近の区間上の積分値が無限大となることは，微分積分学の知識の範囲で理解できることであろう．すなわち

$$\int_{-1}^{1} \left| \frac{1}{x} \right| dx = \infty \tag{2.3}$$

である．一方で，関数の対称性に着目すると，以下のように積分がゼロになることもすぐに分かる

$$\lim_{\epsilon \to 0} \int_{[-1,-\epsilon] \cup (\epsilon,1]} \frac{1}{x} dx = 0. \tag{2.4}$$

大雑把に言って，この (2.3) と (2.4) の類の性質を有する関数との合成積を「特異積分作用素」という．そして $\log |x|$ は $1/x$ の原始関数である．また，(2.4)の性質を踏まえて $1/x$ に Fourier 変換を施すと $-i\pi\xi/|\xi|$ という有界関数になる（i は虚数で，$i^2 = -1$ である）．本書の Navier-Stokes・Euler 方程式の数学解析では，この四つの事柄を要所要所で使っていると念頭に置いておくとよい．本章ではその Helmholtz-Leray 射影を大胆に ℓ^1-ノルムで評価している．これは前述の $1/x$ の Fourier 変換に対応する性質を本質的に使っている．第 3章の最後に Sobolev の埋め込み定理を示すが，そこでは

$$\int_{-1}^{1} \left| \frac{1}{x} \right|^{1-\epsilon} dx < \infty$$

（ϵ は十分小さな正の実数でよい）という類の計算を使っている．2 次元 Euler方程式の時間大域解の存在を示す第 5 章では，そういった特異積分作用素のL^∞-評価（より具体的には $\|\nabla u\|_{L^\infty}$ の評価，第 5 章で詳述）を，$\log$ 関数を絡めた評価式として導いている．2 次元 Euler 方程式の非適切性を示す際に，特異積分作用素の L^∞-非有界性・有界性（$\|\nabla u\|_{L^\infty}$ の評価）を本質的に使っている．

　　まず，Navier-Stokes 方程式を積分方程式の形に書き直そう．方程式の両辺に $e^{|n|^2 t}$ をかけて，項別微分の逆の演算を施そう．すると $\{u_n(t)\}_n$ は次を満たす．

$$\frac{d}{dt}\left(e^{|n|^2 t} u_n(t)\right) = -e^{|n|^2 t} i P_n \sum_{n=k+m} (u_k \cdot n) u_m.$$

（今後は $\displaystyle\sum_{\substack{k,m \in \mathbb{Z}^3, \\ n=k+m}}$ を $\displaystyle\sum_{n=k+m}$ と略記することがある）素直に両辺時間積分を施すことで，以下の積分方程式が得られる．（これは，常微分方程式論で学ぶ「解の存在定理」と同じ手法である）．

$$u_n(t) = e^{-|n|^2 t} u_n(0) - \int_0^t e^{-(t-s)|n|^2} i P_n \sum_{n=k+m} (u_k(s) \cdot n) u_m(s) ds. \tag{2.5}$$

　　よって方程式 (2.1) の解 $\{u_n(t)\}_n$ は，(2.5) の解となる．逆に，(2.5) の解は Navier-Stokes 方程式の解になる．次に，時間局所解の存在を示すための準備（すなわち Picard の逐次近似法を適用するための準備）を幾つかおこなう．複素ベクトル値関数 u_n の絶対値を $|u_n| := |u_{n,1}| + |u_{n,2}| + |u_{n,3}| =$

$$\sqrt{(\alpha_{n,1})^2 + (\beta_{n,1})^2} + \sqrt{(\alpha_{n,2})^2 + (\beta_{n,2})^2} + \sqrt{(\alpha_{n,3})^2 + (\beta_{n,3})^2} \quad \text{と定義する.}$$

定義 2.2 （ℓ^1-ノルム） 次の無限和を ℓ^1-ノルムと言う.

$$\sum_{n \in \mathbb{Z}^3} |u_n| = \sum_{n \in \mathbb{Z}^3} (|u_{n,1}| + |u_{n,2}| + |u_{n,3}|). \qquad (2.6)$$

以下に，（Navier-Stokes 方程式ならではの）重要な三つの評価式を述べよう.

• 合成積の評価：

$$\sum_{n \in \mathbb{Z}^3} \sum_{\substack{k,m \in \mathbb{Z}^3, \\ n = k + m}} |u_k||u_m| \leq \left(\sum_{n \in \mathbb{Z}^3} |u_n| \right)^2. \qquad (2.7)$$

• Gauss 核の評価：t に依存しない或る定数 $C > 0$ が存在して

$$|n|e^{-|n|^2 t} \leq (C/t^{1/2}) \quad \text{for any} \quad t > 0. \qquad (2.8)$$

• Helmholtz-Leray 射影の評価：或る定数 $C > 0$ が存在して任意の $n \in \mathbb{Z}^3$ に対して

$$|P_n| \leq C.$$

ここで，行列の絶対値は各成分の絶対値の和として定義される. すなわち，

$$A = \begin{pmatrix} a_{11} & a_{12} & a_{13} \\ a_{21} & a_{22} & a_{23} \\ a_{31} & a_{32} & a_{33} \end{pmatrix}$$

において，

$$|A| := \sum_{i,j=1}^{3} |a_{ij}|$$

と定義する.

演習問題 2.3 上の合成積の評価と Gauss 核の評価を導け.

解の存在を示す際に必要不可欠である時空間の関数空間 $C([0,T] : \ell^1)$ を定義しよう（a というアルファベット一文字で，関数の集合 $\{a_n(t)\}_n$ を表している点に注意する）.

定義 2.3 （関数空間） 関数空間 $C([0,T] : \ell^1)$ を以下で定義する：

$$C([0,T] : \ell^1) := \Big\{ a = \{a_n(t)\}_{n \in \mathbb{Z}^3} : \|a\| := \sup_{t \in [0,T]} \sum_n |a_n(t)| < \infty,$$

各 n に対して $a_n(t)$ が $[0,T]$ で連続 $\Big\}$.

上で定義した関数空間に対して，次の**完備性**が成り立つ：関数列 $\{f^j\}_j \subset C([0,T] : \ell^1)$ が **Cauchy** 列であるとする. すなわち，$\|f^j - f^k\| \to 0$

$(j > k \to \infty)$ を満たすとする．このとき，ある $f \in C([0,T] : \ell^1)$ が存在し，$\|f^j - f\| \to 0 \ (j \to \infty)$ となる．これは単に，「連続関数列の一様収束先は連続関数である」という，微分積分学で習う定理の言い換えに過ぎない．尚，関数列の添字 j を関数の上に添えているが，n を下の添え字として既に使ってしまっているので，上に添えているだけである．特に深い意味はない．

2.2 時間局所解の存在定理

前節の三つの評価式を使って時間局所解の存在を示そう．

定理 2.4 divergence-free 条件 $n \cdot u_n(0) = 0 \ (n \in \mathbb{Z}^3)$ と $\sum_n |u_n(0)| < \infty$ を満たす任意の初期値 $\{u_n(0)\}_n$ に対して，或る $T > 0$ が存在して

$$C([0,T] : \ell^1)$$

に入る Navier-Stokes 方程式の解 $\{u_n(t)\}_n$ が一意に存在する．

補足 2.5 定理 2.4 の中の定数 T はあくまでも "少なくとも一つは存在する T" を取ってきているに過ぎない．ミレニアム懸賞問題は "T として ∞ を取ることが出来るか否か?" と言い換えられる．

証明の流れは以下の通りである．実際のところ，常微分方程式論で学ぶ **Picard の逐次近似法**（ピカールの逐次近似法）そのものである．

- 関数列を積分方程式から作る．
- その関数列がターゲットとする関数空間（ここでは $C([0,T] : \ell^1)$）のノルムで一様有界になることを言う．それを踏まえた上で，前節で述べた三つの評価式を本質的に使う．
- その一様有界性を使って関数列が Cauchy 列になることを言う（関数空間の完備性により，解の存在が自動的に示される）．
- 実は，ここまで議論が進むと，解の一意性は簡単に示せることがわかる．

証明 まず，$h_n^1(t) := e^{-|n|^2 t} u_n(0)$,

$$h_n^{j+1}(t) := h_n^1(t) - \int_0^t e^{-(t-s)|n|^2} i P_n \sum_{n=k+m} (h_k^j(s) \cdot n) h_m^j(s) ds,$$

$h^j := \{h_n^j(t)\}_n$ と関数列を構成する．各 h^j は，P_n という行列により，$u_n(0) \cdot n = 0$ ならば $h_n^j(t) \cdot n = 0 \ (t \geq 0)$，すなわち，divergence-free 条件を満たすことが分かる（演習問題 2.1 を参照）．

証明の方針は以下の通りである．h^j が j に依存せずに有界（いわゆる一様有界性）であることを数学的帰納法によって示す．すなわち，まずは $\|h^1\| \leq (3/2) \sum_n |u_n(0)|$ を示し，次に $\|h^j\| \leq (3/2) \sum_n |u_n(0)|$ ならば

$\|h^{j+1}\| \leq (3/2)\sum_n |u_n(0)|$ となることを示す（前節の三つの評価式を使えば示せる）．その際，解の存在時間は（少なくとも現時点では）

$$T \leq C/(\sum_n |u_n(0)|)^2 \tag{2.9}$$

を満たすものしかとれない．C はある正の定数である．なお，3/2 という数字に深い意味はなく，1 より真に大きい数字であれば何でもよい．

- 一様有界性

まず $h_n^1(t) = e^{-|n|^2 t} u_n(0)$ を評価する．この両辺に絶対値を取る．$t > 0$ に対して次の不等式

$$|h_n^1(t)| = |e^{-|n|^2 t} u_n(0)| = |e^{-|n|^2 t}||u_n(0)| \leq |u_n(0)| \leq (3/2)|u_n(0)|$$

が得られるので，$\|h^1\| \leq (3/2)\sum_n |u_n(0)|$ が分かる．次に $\|h^j\| \leq (3/2)\sum_n |u_n(0)| \Rightarrow \|h^{j+1}\| \leq (3/2)\sum_n |u_n(0)|$ を示す．この場合は漸化式をそのまま評価すればよい．Gauss 核の評価と Helmholtz-Leray 射影の評価を使うと

$$|h_n^{j+1}(t)| \leq |u_n(0)| + \int_0^t \frac{C}{(t-s)^{1/2}} \sum_{\substack{n=k+m \\ k \in \mathbb{Z}^3, m \in \mathbb{Z}^3}} |h_k^j(s)||h_m^j(s)| ds$$

が得られるので，和と $\sup_{0<t<T}$ を取ることで次の不等式

$$\sup_{0<t<T} \sum_{n \in \mathbb{Z}^3} |h_n^{j+1}(t)|$$
$$\leq \sum_{n \in \mathbb{Z}^3} |u_n(0)| + \sup_{0<t<T} \int_0^t \frac{C}{(t-s)^{1/2}} \sum_{n \in \mathbb{Z}^3} \sum_{\substack{n=k+m \\ k \in \mathbb{Z}^3, m \in \mathbb{Z}^3}} |h_k^j(s)||h_m^j(s)| ds$$

が導かれ，最終的に

$$\|h^{j+1}\| \leq \sum_{n \in \mathbb{Z}^3} |u_n(0)|$$
$$+ \sup_{0<t<T} \int_0^t \frac{C}{(t-s)^{1/2}} ds \sup_{0<s<T} \left(\sum_{k \in \mathbb{Z}^3} |h_k^j(s)| \sum_{m \in \mathbb{Z}^3} |h_m^j(s)| \right)$$

が得られる．実際のところ，無限和と時間積分の順序交換に関しては，微分積分学で学ぶ「項別積分の定理」によって厳密に正当化できる．よって以下の不等式

$$\|h^{j+1}\| \leq \sum_{n \in \mathbb{Z}^3} |u_n(0)| + CT^{1/2}\|h^j\|^2 \tag{2.10}$$

が得られた．$\|h^j\| \leq (3/2)\sum_n |u_n(0)|$ を仮定しているので，

$$\|h^{j+1}\| \leq \sum_{n \in \mathbb{Z}^3} |u_n(0)| + 4CT^{1/2}(\sum_{n \in \mathbb{Z}^3} |u_n(0)|)^2$$

が成立する．$4CT^{1/2}\sum_{n\in\mathbb{Z}^3}|u_n(0)|\leq 1/2$ となるように T を取ると，最終的に

$$\|h^{j+1}\|\leq (3/2)\sum_{n\in\mathbb{Z}^3}|u_n(0)|$$

が導かれ，よって，$\|h^{j+1}\|\leq (3/2)\sum_n|u_n(0)|$ が言えた．

• 時間連続性

各 j と n における $h_n^j(t)$ の時間連続性に関しては，

$$h_n^{j+1}(t)=e^{-|n|^2t}h_n^1(0)-\int_0^t e^{-(t-s)|n|^2}iP_n\sum_{n=k+m}(h_k^j(s)\cdot n)h_m^j(s)ds$$

から直接示すことが出来る．すなわち，十分小さい $\delta>0$，$n\neq 0$，$t\in[0,T]$ に対して

$$
\begin{aligned}
&\left|h_n^{j+1}(t+\delta)-h_n^{j+1}(t)\right|\\
&\leq \left|1-e^{-|n|^2\delta}\right|e^{-|n|^2t}|u_n(0)|\\
&\quad+\left|\int_0^t(e^{-(t+\delta-s)|n|^2}-e^{-(t-s)|n|^2})iP_n\sum_{n=k+m}(h_k^j(s)\cdot n)h_m^j(s)ds\right|\\
&\quad+\left|\int_t^{t+\delta}e^{-(t+\delta-s)|n|^2}iP_n\sum_{n=k+m}(h_k^j(s)\cdot n)h_m^j(s)ds\right|\\
&\leq |1-e^{-|n|^2\delta}|e^{-|n|^2t}|u_n(0)|\\
&\quad+\|h\|^2(1-e^{-|n|^2\delta})\int_0^t e^{-(t-s)|n|^2}|n|ds\\
&\quad+\|h\|^2\int_t^{t+\delta}e^{-(t+\delta-s)|n|^2}|n|ds\\
&\leq |u_n(0)|(1-e^{-|n|^2\delta})+\|h\|^2|n|^{-1}(1-e^{-|n|^2\delta})(1-e^{-|n|^2t})\\
&\quad+\|h\|^2|n|^{-1}(1-e^{-|n|^2\delta})\\
&\leq (1-e^{-|n|^2\delta})(|u_n(0)|+2\|h\|^2|n|^{-1}).
\end{aligned}
$$

$e^{-|n|^2\delta}$ の連続性より h_n^{j+1} は連続．$n=0$ の場合は明らか．

• Cauchy 列

次に $\{h^j\}_j$ が Cauchy 列になることをいう．その為に，まずは $h^{j+1}-h^j$ を計算しよう．式としては

$$
\begin{aligned}
h_n^{j+1}(t)-h_n^j(t)=&\\
\int_0^t e^{-|n|^2(t-s)}iP_n\sum_{\substack{n=k+m\\k\in\mathbb{Z}^3,m\in\mathbb{Z}^3}}&\Big\{(h_k^j(s)\cdot n)\left(h_m^j(s)-h_m^{j-1}(s)\right)\\
&+\left((h_k^j(s)-h_k^{j-1}(s))\cdot n\right)h_m^{j-1}(s)\Big\}ds
\end{aligned}
$$

と変形できる．右辺に関しては，$i(h_k^j\cdot n)h_m^{j-1}$ という項を足して引いているの

みである．すなわち，$a^2 - b^2 = a(a-b) + b(a-b)$ という類の計算をしているのみである．一様有界性を示した時と同様の計算を行うと，

$$\|h^{j+1} - h^j\| \leq CT^{1/2} \left(\|h^j\| \|h^j - h^{j-1}\| + \|h^j - h^{j-1}\| \|h^{j-1}\| \right)$$

が得られる．一様有界性で得られた評価を同様に使うと

$$\|h^{j+1} - h^j\| \leq CT^{1/2} (4 \sum_{n \in \mathbb{Z}^3} |u_n(0)| \|h^j - h^{j-1}\|)$$

が導かれる．$4CT^{1/2} \sum_{n \in \mathbb{Z}^3} |u_n(0)| \leq 1/2$ となるように T を選んでいるので，最終的には

$$\|h^{j+1} - h^j\| \leq (1/2)\|h^j - h^{j-1}\| \tag{2.11}$$

が得られる．

演習問題 2.4 不等式 (2.11) から，$\{h^j\}_j$ が Cauchy 列になることを示せ．

関数空間の完備性によって，h^j の極限関数 $h \in C([0,T] : \ell^1)$ が存在することがわかり，これが Navier-Stokes 方程式の解である．

- **一意性**

一意性に関しては，同じ初期値で違う解 $U = \{u_n(t)\}_n$，$V = \{v_n(t)\}_n$ が存在すると仮定して計算を進めるとよい．具体的には $U - V$ の表現式から $\|U - V\|$ を計算して，前述の一様有界性を使うと $\|U - V\|$ がゼロになることが示せる．

$$u_n(t) = e^{-|n|^2 t} u_n(0) - \int_0^t e^{-(t-s)|n|^2} i P_n \sum_{n=k+m} (u_k(s) \cdot n) u_m(s) ds,$$

$$v_n(t) = e^{-|n|^2 t} u_n(0) - \int_0^t e^{-(t-s)|n|^2} i P_n \sum_{n=k+m} (v_k(s) \cdot n) v_m(s) ds$$

と置く．U も V も，関数空間 $C([0,T] : \ell^1)$ に入っているので，ある $A > 0$ が存在して $\|U\|, \|V\| \leq A$ と仮定してよい．ここで注意すべきことは，解 U と V は必ずしも

$$\|U\|, \|V\| \leq 2 \sum_n |u_n(0)| \tag{2.12}$$

が成り立っているとは限らない点である（ただ，(2.12) を満たす解が少なくとも一つは存在することは，すでに示した）．すると，Cauchy 列の箇所の計算と同じく

$$u_n(t) - v_n(t) = \int_0^t e^{-|n|^2(t-s)} i P_n$$

$$\sum_{\substack{n=k+m \\ k \in \mathbb{Z}^3, m \in \mathbb{Z}^3}} (u_k(s) \cdot n)(u_m(s) - v_m(s)) + ((u_k(s) - v_k(s)) \cdot n) v_m(s) ds$$

と式変形ができ，

$$\|U - V\| \le CT_*^{1/2}(2A\|U - V\|)$$

が得られる（解の存在定理の中に出てくる T と区別するために T_* としている）．$2CAT_*^{1/2} \le 1/2$ となるように T_* を選ぶと

$$\|U - V\| \le \frac{1}{2}\|U - V\|$$

が得られ，$\|U - V\| = 0$ が時間区間 $[0, T_*]$ で成立することが分かった．一意性が成り立つ時間 T_* は解の存在時間 T よりも短いかもしれないが，T_* を改めて初期時刻とみなすことで，同様の議論を有限回繰り返すことができる，そのことによって，一意性の時間幅を解の存在時間まで延長させることができる．

2.3　小さい初期値に対する時間大域解

この節では，初期値に対して $u_n(0)|_{n=0} = 0$ という条件を課す（詳細は省くが，この条件によってミレニアム懸賞問題から外れることはない）．積分方程式 (2.5) の中の項 $(u_k \cdot n)$ により，解も $u_n(t)|_{n=0} = 0$ となることがすぐに分かる．

定理 2.6　或る $\eta > 0$ が存在して，$u_n(0)|_{n=0} = 0$, divergence-free 条件 $n \cdot u_n(0) = 0$ $(n \in \mathbb{Z}^3)$ と $\sum_n |u_n(0)| < \eta$ を満たす任意の $\{u_n(0)\}_n$ に対して，

$$C([0, \infty) : \ell^1)$$

に入る Navier-Stokes 方程式の解 $\{u_n(t)\}_n$ が一意に存在する．

補足 2.7　定理 2.6 の中の定数 η はあくまでも "少なくとも一つは存在する η" を取ってきているに過ぎない．ミレニアム懸賞問題は "η として ∞ を取ることが出来るか否か?" と言い換えられる．

定理の証明は Giga-Inui-Mahalov-Saal [25] に基づいている．アイデアとしては，$U = \{u_n(t)\}_n$ に対して，局所一意解の存在証明で使ったノルム

$$\|U\| = \sup_{t \in [0,T]} \sum_n |u_n(t)|$$

を

$$\|U\| = \sup_{t > 0} e^t \sum_n |u_n(t)|$$

に置き換えて，局所解の存在定理で使った議論を同様に繰り返せばよい．この新しい方のノルムも完備となる．**以後，$\|U\|$ は新しいほうのノルムを意味する（局所解の存在証明の時に使ったノルムではない）．**

証明　まず，前節と同じく $h_n^1(t) = e^{-|n|^2 t} u_n(0),$

$$h_n^{j+1}(t) = h_n^1(t) - \int_0^t e^{-(t-s)|n|^2} iP_n \sum_{n=k+m} (h_k^j(s) \cdot n)h_m^j(s)ds,$$

$h^j := \{h_n^j(t)\}_n$ と置き，h_j が j に依存せずに有界であることを数学的帰納法を使って示すことがポイントとなる．より具体的には，$Y := \{h : \|h\| \leq 2\sum_n |u_n(0)| \leq 2\eta\} \subset C([0,\infty) : \ell^1)$ と置き，$h^0 \in Y$ と，$h^j \in Y \Rightarrow h^{j+1} \in Y$ を示す．η は後で決める．よって，以下の不等式を示すことがこの節の目標となる．

$$\|h^{j+1}\| \leq \sum_n |u_n(0)| + C\|h^j\|^2. \tag{2.13}$$

$\eta + 4C\eta^2 < 2\eta$ を満たすように η を小さく取れば，あとは時間局所解のときと全く同じ議論となる．この C が時間変数 t に依存していないことに注意しよう．上の不等式を示すために次の不等式を使う．

$$\sum_{n \in \mathbb{Z}^3 \setminus \{0\}} |e^{-|n|^2 t} u_n(0)| \leq e^{-t} \sum_{n \in \mathbb{Z}^3 \setminus \{0\}} |u_n(0)|.$$

これは $\sup_{n \in \mathbb{Z}^3 \setminus \{0\}}(-|n|^2) = -1$ より明らか．

ここの証明におけるキーポイントは $n \in \mathbb{Z}^3 \setminus \{0\}$ にある．より詳しくは，指数関数 $e^{-(t-s)|n|^2}$ における $n = 0$ の場合を除外する，という点を生かすのである．それを意識せずに素直に計算すると，欲しい不等式は得られない．その例を以下に示そう．

$$\begin{aligned} \|h^{j+1}\| &\leq \|h^1\| + \sup_{t>0} \sum_n e^t \int_0^t |P_n| e^{-(t-s)|n|^2} |n| \sum_{n=k+m} |h_k^j(s)||h_m^j(s)|ds \\ &\lesssim \|h^1\| + \sup_{t>0} e^t \int_0^t \frac{e^{-2s}}{\sqrt{t-s}}ds \sup_{s>0} \sum_n \sum_{n=k+m} e^{2s}|h_k^j(s)||h_m^j(s)| \\ &\lesssim \|h^1\| + \sup_{t>0} e^t \int_0^t \frac{e^{-2s}}{\sqrt{t-s}}ds \|h^j\|^2. \end{aligned}$$

(記号 "$\lesssim$" に関しては，"まえがき" を参照のこと) よって，

$$\sup_{t>0} e^t \int_0^t \frac{e^{-2s}}{\sqrt{t-s}}ds$$

が或る有限値になることを示すことができればよいのではあるが，これは残念ながら無限大へ発散する．

演習問題 2.5

$$\sup_{t>0} e^t \int_0^t \frac{e^{-2s}}{\sqrt{t-s}}ds$$

が無限大に発散することを示せ．

素直な計算ではうまくいかないことが分かったので，$\mathbb{Z}^3 \setminus \{0\}$ を使ったより精密な評価を進めよう．この場合は，色々な場合分けをしてそれを有効活用で

きる形へと導く：

$$\|h^{j+1}\| \leq \|h^1\| + \sup_{t>0} \sum_n e^t \int_0^t |P_n| e^{-(t-s)|n|^2} |n| \sum_{n=k+m} |h_k^j(s)||h_m^j(s)| ds$$

$$\leq \|h^1\| + \sup_{t>0} \sum_n e^t \left(\int_0^{\frac{3t}{4}} + \int_{\frac{3t}{4}}^t \right)$$
$$e^{-(t-s)|n|^2} |n| \sum_{n=k+m} |h_k^j(s)||h_m^j(s)| ds$$

$$=: \|h^1\| + I_1 + I_2.$$

まずは I_2 の評価を進める：

$$I_2 \lesssim \sup_{t>0} e^t \int_{\frac{3t}{4}}^t \frac{e^{-2s}}{\sqrt{t-s}} ds \|h^j\|^2 \lesssim \sup_{t>0} e^{-t/2} \int_{\frac{3t}{4}}^t \frac{1}{\sqrt{t-s}} ds \|h^j\|^2$$

$$\lesssim \sup_{t>0} \sqrt{t} e^{-t/2} \|h^j\|^2 \lesssim \|h^j\|^2.$$

次に I_1 の評価を進める．その場合は $t > 4$ と $t \leq 4$ の場合に分けて考える．なお，ある定数 $C > 0$ が存在して $\sup_n e^{-|n|^2}|n| \leq C$，また，$t > 4$ のときは $(t-s-1) > 0$ $(s \in [0, \frac{3t}{4}])$ であることに注意．$(t-s-1) > 0$ によって $e^{-(t-s-1)|n|^2} \leq e^{-(t-s-1)}$ for $n \in \mathbb{Z}^3 \setminus \{0\}$ が得られる．細かい評価が得られたことによって，時間大域解の存在を示すことができる．

$t > 4$ の場合は次のように評価が進められる：

$$\sup_{t>4} \sum_n e^t \int_0^{\frac{3t}{4}} e^{-(t-s)|n|^2} |n| \sum_{n=k+m} |h_k^j(s)||h_m^j(s)| ds$$

$$= \sup_{t>4} \sum_n e^t \int_0^{\frac{3t}{4}} e^{-|n|^2} e^{-(t-s-1)|n|^2} |n| \sum_{n=k+m} |h_k^j(s)||h_m^j(s)| ds$$

$(e^{-|n|^2}|n| \lesssim 1$ より$) \lesssim \sup_{t>4} \sum_n e^t \int_0^{\frac{3t}{4}} e^{-(t-s-1)} \sum_{n=k+m} |h_k^j(s)||h_m^j(s)| ds$

$$\lesssim \sup_{t>4} \int_0^{\frac{3t}{4}} e^{-s} \sum_n e^{2s} \sum_{n=k+m} |h_k^j(s)||h_m^j(s)| ds$$

$$\lesssim \int_0^\infty e^{-s} ds \|h^j\|^2.$$

$t \leq 4$ の場合は次のように評価が進められる：

$$\sup_{t\leq4} \sum_n e^t \int_0^{\frac{3t}{4}} e^{-(t-s)|n|^2} |n| \sum_{n=k+m} |h_k^j(s)||h_m^j(s)| ds$$

$$\lesssim \sup_{t\leq4} \sum_n e^t \int_0^{\frac{3t}{4}} \frac{e^{-2s}}{\sqrt{t-s}} \sum_{n=k+m} e^{2s} |h_k^j(s)||h_m^j(s)| ds$$

$$\lesssim \sup_{t\leq4} e^t \frac{3\sqrt{t}}{4} \|h^j\|^2 = e^4 \frac{3\sqrt{4}}{4} \|h^j\|^2.$$

これらの評価を組み合わせると，欲しい不等式が得られる．

2.4　2次元：小さくない初期値に対する大域解

前節までの解の存在定理では，時間幅や初期値に対して「小ささ」を仮定する必要があった．これは Picard の逐次近似法に必要不可欠な制約条件であり，従って，大きな初期値に対する時間大域解を示す際，Picard の逐次近似法とは本質的に異なる新しいアイデアが必要であるように見受けられる．この節では，「エネルギー法」と呼ばれる手法を併用することによって，2 次元 Navier-Stokes 方程式の時間大域解の存在を示す．3 次元のときと同様に時間局所解の存在，一意性，小さな初期値の時間大域解が言える（前節までの議論では，次元を本質的には使っていない）．

3 次元と 2 次元の決定的な違いは，渦度のエネルギー型評価（いわゆるエンストロフィー）にある．このエネルギー型評価によって時間局所解を時間大域解へと拡張可能になる．後で改めて言及するが，2 次元の場合は **vortex stretching term** が出現しないために，そういった渦度のエネルギー型評価を割と簡単に導くことができるのである．

初期値に対して $u_n(0) = u^*_{-n}(0)$ と仮定する（z^* は複素数 z の共役である）．このように仮定すると，それに対応する解も $u_n(t) = u^*_{-n}(t)$ $(t > 0)$ となることが分かる．これは，$u_n(t) = u^*_{-n}(t)$ $(t > 0)$ という状況下での Navier-Stokes 方程式を考えることが，より厳密なミレニアム懸賞問題となる（実空間サイドにおいて，複素数値関数ではなく，実数値関数で考え進めないといけないため）．なお，複素数値も許してしまうと，Navier-Stokes 方程式の爆発解が存在する（[37] を参照されたい）．前節と同様，$u_n(0)|_{n=0} = 0$ を仮定する．

定理 2.8　$u_n(0)|_{n=0} = 0, u_n(0) = u^*_{-n}(0),$ divergence-free 条件 $n \cdot u_n(0) = 0$ $(n \in \mathbb{Z}^2)$, $\sum_n |u_n(0)| < \infty$ と $\sum_n |n|^2 |u_n(0)|^2 < \infty$ を満たす任意の初期値 $\{u_n(0)\}_n$ に対して，

$$C([0, \infty) : \ell^1)$$

に入る 2 次元 Navier-Stokes 方程式の解 $\{u_n(t)\}_n$ が一意存在する．

補足 2.9　詳細は省くが，エネルギー減衰 $\sum_n |u_n(t)|^2 \to 0$ $(t \to \infty)$ も示すことができる．

補足 2.10　$\sum_n |n|^2 |u_n(0)|^2 < \infty$ という新たな初期条件が加わったが，（3 次元の場合にそのような条件を初期値に付け加えたとしても）それがミレニアム懸賞問題に影響することはない．実際は「滑らかな初期値」を要求している（Fefferman[23] を参照）．この「滑らか」という概念は，任意の $s > 0$ に対してある定数 $C_s > 0$ が存在し，

$$|u_n(0)| \leq \frac{C_s}{(1+|n|^2)^{s/2}} \quad n \in \mathbb{Z}^2 \tag{2.14}$$

という評価式で表現される（この点に関しては，第 1 章の定理 1.3 に通じるものがある）．(2.14) と滑らかさの関係に関しては，例えば [29] の Proposition 1.1 を参照のこと．"Gauss 核の評価" と **bootstrapping argument** により，任意に小さい $\epsilon > 0$ に対してある定数 $C_{\epsilon,s} > 0$ が存在し，その初期値に対応する解も，同様の不等式

$$|u_n(t)| \leq \frac{C_{\epsilon,s}}{(1+|n|^2)^{s/2}} \quad n \in \mathbb{Z}^2 \quad t \in (\epsilon, T] \tag{2.15}$$

を満たすことがわかる．その (2.15) を今から示そう．まずは，(2.5) 式，すなわち

$$u_n(t) = e^{-|n|^2 t} u_n(0) - \int_0^t e^{-(t-\tau)|n|^2} i P_n \sum_{n=k+m} (u_k(\tau) \cdot n) u_m(\tau) d\tau$$

という積分方程式から（記号 s を多項式の指数に使いたいので，(2.5) 式の中に現れている s を τ に変更した），

$$|u_n(t)||n|^s \lesssim e^{-|n|^2 t}|n|^s |u_n(0)| + \int_0^t e^{-(t-\tau)|n|^2}|n|^{3/2} \times$$

$$\sum_{\substack{n=k+m \\ k \in \mathbb{Z}^3, m \in \mathbb{Z}^3}} \left(|k|^{s-1/2}|u_k(\tau)||u_m(\tau)| + |m|^{s-1/2}|u_k(\tau)||u_m(\tau)| \right) d\tau$$

が得られる．なお，$n = k + m$ より，$|n|^s \leq 2(|k|^s + |m|^s)$ となることを使った．Gauss 核の評価において

$$\int_0^t e^{(t-\tau)|n|^2}|n|^{3/2} d\tau \lesssim \int_0^t \frac{1}{(t-\tau)^{3/4}} d\tau \lesssim t^{1/4}$$

が得られるので，両辺 n で和を取り，合成積の評価を適用することで，$t \in [0, T]$ に対して

$$\sum_n |u_n(t)||n|^s \leq \sum_n |e^{-|n|^2 t} n|^s |u_n(0)|$$

$$+ CT^{1/4} \sup_{0 < t < T} \left(\sum_n |u_n(t)||n|^{s-1/2} \right) \sup_{0 < t < T} \left(\sum_n |u_n(t)| \right) \tag{2.16}$$

を得ることができる．ここの定数 $C > 0$ は s には依存しない．ここから bootstrapping argument を適用することで (2.15) を得ることが出来る．より具体的には，まず初めに，任意の $s \geq 0$ と任意の $\epsilon > 0$ に対して

$$\sum_n e^{-|n|^2 \epsilon}|n|^s |u_n(0)| < \infty$$

が分かる．次に $s = 1/2$ の場合に上の不等式 (2.16) を適用させることで

$$\sup_{\epsilon < t < T} \sum_n |u_n(t)||n|^{1/2} \lesssim 1$$

が得られる．次に $s = 1$ の時に適用させると，

$$\sup_{\epsilon < t < T} \sum_n |u_n(t)||n| \lesssim 1$$

が得られる．これを $s = 3/2, 2, 5/2, \cdots$ と延々と続けることで，(2.15) が得られる．

証明 まずは渦度 w_n （スカラー関数）を定義しよう：

$$w_n(t) := n_1 u_{n,2}(t) - n_2 u_{n,1}(t).$$

そして 2 次元 Navier-Stokes 方程式を再掲しよう．

$$\frac{d}{dt} u_{n,1}(t) + i \sum_{n=k+m} (u_k(t) \cdot n) u_{m,1}(t) + |n|^2 u_{n,1}(t)$$

$$= i \frac{n_1^2}{|n|^2} \sum_{n=k+m} (u_k(t) \cdot n) u_{m,1}(t) + i \frac{n_1 n_2}{|n|^2} \sum_{n=k+m} (u_k(t) \cdot n) u_{m,2}(t),$$

$$\frac{d}{dt} u_{n,2}(t) + i \sum_{n=k+m} (u_k(t) \cdot n) u_{m,2}(t) + |n|^2 u_{n,2}(t)$$

$$= i \frac{n_2 n_1}{|n|^2} \sum_{n=k+m} (u_k(t) \cdot n) u_{m,1}(t) + i \frac{n_2^2}{|n|^2} \sum_{n=k+m} (u_k(t) \cdot n) u_{m,2}(t).$$

ここから ω_n に対する方程式（これを渦度方程式という）を導く．渦度の定義を勘案しながら，以下のように式変形するのが自然であろう．

$$\frac{d}{dt} n_1 u_{n,2}(t) + i \sum_{n=k+m} n_1 (u_k(t) \cdot n) u_{m,2}(t) + n_1 |n|^2 u_{n,2}(t)$$

$$= i \frac{n_2 n_1^2}{|n|^2} \sum_{n=k+m} (u_k(t) \cdot n) u_{m,1}(t) + i \frac{n_1 n_2^2}{|n|^2} \sum_{n=k+m} (u_k(t) \cdot n) u_{m,2}(t),$$

$$\tag{2.17}$$

$$- \frac{d}{dt} n_2 u_{n,1}(t) - i \sum_{n=k+m} n_2 (u_k(t) \cdot n) u_{m,1}(t) - n_2 |n|^2 u_{n,1}(t).$$

$$= -i \frac{n_1^2 n_2}{|n|^2} \sum_{n=k+m} (u_k(t) \cdot n) u_{m,1}(t) - i \frac{n_1 n_2^2}{|n|^2} \sum_{n=k+m} (u_k(t) \cdot n) u_{m,2}(t).$$

$$\tag{2.18}$$

上の式 (2.17), (2.18) と，

$$\sum_{n=k+m} k_1 (u_k \cdot n) u_{m,2} - \sum_{n=k+m} k_2 (u_k \cdot n) u_{m,1} = 0$$

を使うと，渦度方程式

$$\frac{d}{dt}w_n(t) + i\sum_{n=k+m}(u_k(t)\cdot n)w_m(t) + |n|^2 w_n(t) = 0$$

が得られる.

演習問題 2.6

$$\sum_{n=k+m}k_1(u_k\cdot n)u_{m,2} - \sum_{n=k+m}k_2(u_k\cdot n)u_{m,1} = 0$$

を示せ.

ここで w_n のエネルギー型評価を求めよう. 渦度方程式の両辺に w_n^* をかけよう. w_n は複素数なので, $w_n = x_n + iy_n$ と置く. すると,

$$\frac{d}{dt}\frac{|w_n(t)|^2}{2} + iy_n\frac{d}{dt}x_n - ix_n\frac{d}{dt}y_n + i\sum_{n=k+m}(u_k\cdot n)w_m w_n^* + |n|^2|w_n|^2 = 0$$

が得られる. $u_n^* = u_{-n}$ だから明らかに $w_n^* = w_{-n}$ であり, よって

$$\sum_n\sum_{n=k+m}(u_k\cdot n)w_m w_n^* = \sum_n\sum_{n=k+m}(u_k\cdot n)w_m w_{-n}$$

が得られる. なお, 補足 2.10 により, 各 $t>0$ に対して解は滑らかになるので, ここの無限和は絶対収束になる. n を $-n$ に置き換えることで

$$\sum_n\sum_{n=k+m}(u_k\cdot n)w_m w_{-n} = -\sum_m\sum_{n+k+m=0}(u_k\cdot n)w_n w_m$$

が得られる. もともと n,k,m は $\mathbb{Z}^2$ 全体で和を取ることになっているので, 最初の和の部分を便宜上 n から m に置き換えても差し支えない. n と m を入れ替え, そして $(u_k\cdot m) = -(u_k\cdot n)$ を使うと,

$$= -\sum_n\sum_{n+k+m=0}(u_k\cdot m)w_n w_m = \sum_n\sum_{n+k+m=0}(u_k\cdot n)w_n w_m$$
$$= -\sum_n\sum_{n=k+m}(u_k\cdot n)w_m w_{-n} \quad (n \text{ を } -n \text{ に変換した})$$

が得られる. よって, 同じもののマイナスが同じになると言っているので, 結局

$$\sum_n\sum_{n=k+m}(u_k\cdot m)w_m w_n^* = 0 \tag{2.19}$$

が得られた（これを **skew-symmetry** といい, あとの章でも出てくる重要な等式である）. 対称性 $(y_n = -y_{-n}, x_n = x_{-n})$ により

$$\sum_{n\in\mathbb{Z}^2\setminus\{0\}}\left(y_n\frac{d}{dt}x_n\right) = 0, \qquad \sum_{n\in\mathbb{Z}^2\setminus\{0\}}\left(x_n\frac{d}{dt}y_n\right) = 0$$

なので,

$$\frac{d}{dt}\sum_n |w_n(t)|^2 + 2\sum_n |n|^2 |w_n(t)|^2 = 0$$

を得る．無限和と微分の交換に関しては，$\sum_n \frac{d}{dt}|w_n(t)|^2$ が $t \in (\epsilon, T)$ で一様収束するので，微分積分学で習う「項別微分の定理」により厳密に正当化できる．これに両辺時間で積分を取ると，

$$\sum_n |w_n(t)|^2 + 2\int_0^t \sum_n |n|^2 |w_n(s)|^2 ds = \sum_n |w_n(0)|^2$$

が得られる．これが渦度のエネルギー型評価式（等式）である．積分と無限和の交換も同様に「項別積分の定理」により厳密に正当化できる．ここで，解が爆発することを仮定し，それが，このエネルギー型評価に矛盾することを示す．ここでいう**解の爆発**とは，或る $T_b > 0$ が存在して

$$\sum_n |u_n(t)| \to \infty \quad (t \to T_b)$$

を満たすことと定義する．「解の滑らかさ」の説明：補足 2.10 を参照のこと．ℓ^1-ノルムが発散する関数は滑らかではない点に注意する．

図 2.1 爆発のイメージ．

まず，$|w_n|$ と $|n||u_n|$ はノルム同値である．ノルム同値とは，「まえがき」に書いてある $\approx$ であり，ある定数 $C > 0$ が存在して

$$C^{-1}|w_n|^2 \leq |n|^2 |u_n|^2 \leq C|w_n|^2 \tag{2.20}$$

が $n \in \mathbb{Z}^2 \setminus \{0\}$ で成立することである．

演習問題 2.7 ノルム同値 (2.20) を示せ．

渦度のエネルギー型等式とノルム同値より，或る定数 $C > 0$ が存在し

$$\sum_n |n|^2 |u_n(t)|^2 + 2\int_0^t \sum_n |n|^4 |u_n(s)|^2 ds \leq C\sum_n |n|^2 |u_n(0)|^2$$

が得られる．左辺が t に依存しない有限値となることを保証するために，$\sum_n |n|^2 |u_n(0)|^2$ が有限値になる，という仮定を置いた．Hölder の不等式により

$$\sum_{n \in \mathbb{Z}^2 \setminus \{0\}} |u_n| = \sum_{n \in \mathbb{Z}^2 \setminus \{0\}} \frac{|n|^2 |u_n|}{|n|^2}$$

$$\leq \left(\sum_{n \in \mathbb{Z}^2 \setminus \{0\}} (|n|^2 |u_n|)^2 \right)^{1/2} \left(\sum_{n \in \mathbb{Z}^2 \setminus \{0\}} \frac{1}{|n|^4} \right)^{1/2}$$

$$\lesssim \left(\sum_{n \in \mathbb{Z}^2 \setminus \{0\}} (|n|^4 |u_n|^2) \right)^{1/2}$$

が得られる（"$\lesssim$" の説明は「まえがき」に書いてある）．よって，

$$\int_0^\infty \left(\sum_n |u_n(t)| \right)^2 dt \lesssim \sum_n |n|^2 |u_n(0)|^2 < \infty \qquad (2.21)$$

が得られた．さて，解が時刻 T_b で爆発していると仮定している．すなわち

$$\sum_n |u_n(t)| \to \infty \quad (t \to T_b)$$

と仮定している．(2.9) により，解の存在時間 T が $\sum_n |u_n(0)| \lesssim T^{-1/2}$ と評価される．$T < T_b$ でなければならないので，解の爆発時間 T_b は $\sum_n |u_n(0)| \gtrsim T_b^{-1/2}$ を満たすことがわかる．各時刻 t における解 $\{u_n(t)\}_{n \in \mathbb{Z}^2 \setminus \{0\}}$ を改めて初期値とみなすと，その爆発時刻 T_b は

$$\sum_n |u_n(t)| \gtrsim (T_b - t)^{-1/2}$$

と評価される（左辺が右辺を下回るとすると，解の存在時間 T が解の爆発時刻 T_b を追い越してしまい矛盾する）．両辺を 2 乗して時刻 0 から T_b まで積分すると，

$$\int_0^{T_b} \left(\sum_n |u_n(t)| \right)^2 dt = \infty$$

が得られる．しかしこれは上述の渦度のエネルギー型評価 (2.21) と矛盾し，よって解は爆発しないことが分かった．

補足 2.11 なぜ 3 次元の場合は，2 次元のときに得られた渦度のエネルギー型評価が得られないかを説明しよう．3 次元の場合の渦度 w_n はベクトルになる．すなわち

$$w_n = \begin{pmatrix} n_2 u_{n,3} - n_3 u_{n,2} \\ n_3 u_{n,1} - n_1 u_{n,3} \\ n_1 u_{n,2} - n_2 u_{n,1} \end{pmatrix}$$

と表現される．それに対応する渦度方程式は

$$\frac{d}{dt} w_n + i \sum_{n=k+m} (u_k \cdot n) w_m + i \sum_{n=k+m} (w_k \cdot n) u_m + |n|^2 w_n = 0$$

と表現される．ここから w_n^* をかけても，2 次元のときのような綺麗な不等

式は得られない．なお，2 次元のときにはない項 $i\sum_{n=k+m}(w_k \cdot n)u_m$ を
<u>vortex stretching</u> term という（渦を引き延ばすことでその渦度を強めるの
で vortex stretching term と呼ばれる．渦の引き延ばしに関しては，実際のと
ころ，5.1 節の補足 5.3 に出てくる $\omega(t,\eta(t,x)) = D\eta(x)\omega_0(x)$ の方が分かり
やすい）．第 6 章，第 7 章で洞察する乱流に関しても，この vortex stretching
が重要な概念となる．

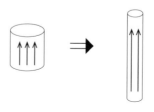

図 2.2　vortex stretching のイメージ．

第 3 章
Sobolev 空間の基礎事項

本章では，次章の Euler 方程式（或いはもっと全般的に，偏微分方程式）の基礎解析道具である Sobolev 空間について説明する（それらをあらかじめ習得されている場合は，この章を読み飛ばして一向に構わない）．

3.1 Lebesgue 積分に関する簡単な復習

まずは **Lebesgue** 積分について簡単に復習しよう．Lebesgue 可測な関数 $f : \mathbb{R}^d \to \mathbb{R}$ に対して $|f|^p$ $(p \geq 1)$ が Lebesgue 積分可能であるとき，f を L^p 関数といい，$f \in L^p(\mathbb{R}^d)$ と書く．その時のノルムを

$$\|f\|_{L^p} := (\int_{\mathbb{R}^d} |f(x)|^p dx)^{1/p}$$

と置く．そして，或る測度ゼロ集合に属していない任意の点 x で $f(x) = g(x)$ を満たすとき $f = g$ a.e.(almost everywhere) と書く．

$\boldsymbol{L^p}$ **空間**（$1 \leq p < \infty$）に対する以下の完備性をみとめることにしよう．

定理 3.1 $f_n \in L^p(\mathbb{R}^d)$ とする．もし $\|f_k - f_\ell\|_{L^p} \to 0$ $(k > \ell \to \infty)$ が成り立つならば，ある $f \in L^p$ が存在して

$$\lim_{n \to \infty} \|f_n - f\|_{L^p} = 0$$

が成立する．

また以下の稠密性も既知とする．

定理 3.2 任意の $f \in L^p$ $(1 \leq p < \infty)$ に対して，関数列 $\{f_n\}_n \subset C_c^\infty$ が存在し，

$$\lim_{n \to \infty} \|f_n - f\|_{L^p} = 0$$

が成立する．なお，C_c^∞ 関数は「階段関数」で近似できることに注意する．そ

のことは，4.6 節に出てくる「可分性」で用いられる．

ここで Hölder の不等式と Minkowski の不等式を紹介しておこう（証明は省略する）．

命題 3.3 （**Hölder の不等式，ヘルダーの不等式**） 任意の $p > 1$ に対して $1/p + 1/q = 1$ を満たす q を取る．任意の $f \in L^p(\mathbb{R}^d)$, $g \in L^q(\mathbb{R}^d)$ に対して

$$\left| \int_{\mathbb{R}^d} f(x)g(x)dx \right| \leq \left(\int_{\mathbb{R}^d} |f(x)|^p dx \right)^{1/p} \left(\int_{\mathbb{R}^d} |g(x)|^q dx \right)^{1/q}$$

が成立する．$p = 1$ の場合も同様の不等式が成立する．

命題 3.4 （**Minkowski の不等式，ミンコフスキーの不等式**） 任意の $f, g \in L^p$ に対して

$$\|f + g\|_{L^p} \leq \|f\|_{L^p} + \|g\|_{L^p}$$

が成立する．

次に L^2 関数に対する **Fourier 変換**を定義しよう．そのためには，次の **Schwartz class**（シュワルツクラス）を導入する必要がある．すなわち，無限回微分可能で，かつ任意の $n_1, n_2, \cdots, n_d, m_1, m_2, \cdots, m_d \in \mathbb{N}$ に対して

$$\sup_{x \in \mathbb{R}^d} |x_1^{n_1} x_2^{n_2} \cdots x_d^{n_d} \partial_{x_1}^{m_1} \cdots \partial_{x_d}^{m_d} f(x)| < \infty$$

となる関数 f 全体を $\mathcal{S}$ と定義する．Schwartz class の詳しい性質については，例えば Arai[2] を参照のこと．$\xi \in \mathbb{R}^d$, $\varphi \in \mathcal{S}$ に対して Fourier 変換を

$$\hat{\varphi}(\xi) = \int_{\mathbb{R}^d} \varphi(x) e^{ix \cdot \xi} dx$$

と定義する．大雑把に言って，第 1 章で登場する Fourier 級数の連続変数版であり，$\mathcal{S}$ から $\mathcal{S}$ への全単射となる．

補足 3.5 「Fourier 級数の連続版だ」と述べたが，その数理的構造は表現論と深く関係している．詳しくは [8] の中の定理 2.7 を参照されたい．

L^2 関数 f に対する Fourier 変換は，任意の $\varphi \in \mathcal{S}$ に対して次の等式

$$\int_{\mathbb{R}^d} \hat{f}(x)\varphi(x)dx = \int_{\mathbb{R}^d} f(x)\hat{\varphi}(x)dx$$

を満たす関数 $\hat{f}$ と定義する．上の等式は，もし $f \in \mathcal{S}$ ならば，素直に変数変換を行うことで導くことが出来る．Lebesgue 積分を介した定義なので，測度ゼロ集合上の関数の振る舞いは，この定義には反映されない．この関数 $\hat{f}$ は（測度ゼロ集合上の点を除き）一意に存在し，L^2 関数になることが分かる．それを今から示そう．稠密性により，ある関数列 $\{f_n\}_n \subset C_c^\infty$ が存在し，

$$\|f_n - f\|_{L^2} \to 0$$

が成立する. そして, Parseval の等式により $\|\hat{f}_n\|_{L^2} = \|f_n\|_{L^2}$ が得られる.

演習問題 3.1   Parseval の等式を確認せよ.

よって, $\{\hat{f}_n\}_n$ は Cauchy 列になっている. L^2 の完備性により, ある極限関数 $\hat{f} \in L^2$ が存在し, $\|\hat{f}_n - \hat{f}\|_{L^2} \to 0$ を満たす. この極限関数 $\hat{f}$ が超関数の意味の Fourier 変換を満たすことを示せばよい. 任意の $\varphi \in \mathcal{S}$ に対して, Hölder の不等式により

$$\left| \int_{\mathbb{R}^d} \left[\hat{f}(x)\varphi(x) - f(x)\hat{\varphi}(x) \right] dx \right|$$
$$\leq \|\hat{f}_n - \hat{f}\|_{L^2}\|\varphi\|_{L^2} + \|f_n - f\|_{L^2}\|\hat{\varphi}\|_{L^2} \to 0 \quad (n \to \infty)$$

だから, $\hat{f}$ は超関数の意味の Fourier 変換である. また,

$$\|\hat{f}\|_{L^2} = \|f\|_{L^2}$$

も上の計算からすぐに分かる. $f \in L^2$ に対して $\hat{f} \in L^2$ が (測度ゼロ上の点を除いて) 唯一つしか存在しないことは以下の定理から分かる.

定理 3.6 $f, g \in L^2$ が超関数の意味で $f = g$, すなわち, 任意の $\varphi \in \mathcal{S}$ に対して

$$\int f(x)\varphi(x)dx = \int g(x)\varphi(x)dx$$

ならば, $f = g$ a.e. である.

証明   証明は, 例えば Arai[2] を参照のこと.

3.2   Sobolev 空間

Sobolev 空間を定義するために, まず, Fourier 変換に関する基礎事項を述べておこう. $f, g \in C_c^\infty(\mathbb{R}^d)$ に対して,

$$\hat{f}(\xi) := \mathcal{F}[f](\xi) := \int_{\mathbb{R}^d} f(x)e^{ix\cdot\xi}dx, \quad \mathcal{F}^{-1}[\hat{g}](x) = \frac{1}{(2\pi)^d}\int_{\mathbb{R}^d} \hat{g}(\xi)e^{-ix\cdot\xi}d\xi$$

と定義する. この $\hat{f}$ は再び C^∞ 関数で, かつ任意の $s > 0$ に対して $\lim_{|\xi|\to\infty} |\xi|^s|\hat{f}(\xi)| = 0$ を満たす. また,

$$\mathcal{F}^{-1}[\hat{f}](x) = f(x)$$

が成立する. **Fourier 変換の最大のメリットは, 微分の Fourier 変換が多項式になることである.** それを今から説明しよう. 例えば, $f \in C_c^\infty$ に対して

$$\mathcal{F}[\partial_{x_1} f](\xi) = -i\xi_1 \hat{f}(\xi)$$

が得られる．これを踏まえると，n 回微分に対しては n 次多項式が対応することが分かる．特に，

$$\mathcal{F}[\Delta f](\xi) = -|\xi|^2 \hat{f}(\xi), \quad |\xi|^2 = \xi_1^2 + \xi_2^2 + \cdots + \xi_d^2$$

が得られる．なお，$\Delta = \partial_{x_1}^2 + \partial_{x_2}^2 + \cdots + \partial_{x_d}^2$ である．これを踏まえることで，ラプラシアン（2 階微分）の逆作用素 $(-\Delta)^{-1}$ を次のように定義できる：

$$\mathcal{F}[(-\Delta)^{-1}f](\xi) = |\xi|^{-2} \hat{f}(\xi).$$

さらに $(1-\Delta)^{-1}$ も次のように定義できる：

$$\mathcal{F}[(1-\Delta)^{-1}f](\xi) = (1+|\xi|^2)^{-1} \hat{f}(\xi).$$

Sobolev 空間を定義する際，この $(1-\Delta)^{-1}$ を使用する．その最も重要な根拠として $(1+|\xi|^2)^{-1}$ が C^∞ 級関数になる点が挙げられる．例えば $(1+\Delta^2)^{-1/2}$ も Sobolev 空間の定義に使用すること出来る（厳密には，無限遠への減衰・増大オーダーが一致する C^∞ 級関数であれば何でもよい）．逆に，例えば $(1+\Delta)^{-1}$ は，その Fourier 変換が $|\xi| = 1$ となる ξ で無限大へ発散してしまうので，Sobolev 空間の定義には適さない（$(-\Delta)^{-1}$ の Fourier 変換も原点で発散しているので，その点には注意が必要である）．この洞察を踏まえた上で，次のように Sobolev ノルムを定義する（実数 s がその微分階数に対応する）．

定義 3.7　Sobolev 空間 H^s $(s > 0)$ は以下のように定義される．

$$H^s := \{f \in L^2 : \|f\|_{H^s} < \infty\},$$

$$\|f\|_{H^s} = \left(\int_{\mathbb{R}^d} (1+|\xi|^2)^s |\hat{f}(\xi)|^2 d\xi\right)^{1/2}.$$

ここで登場している Fourier 変換 $\hat{f}$ は，前節で登場した "超関数の意味の Fourier 変換" である点に注意する．

$$\|f\|_{\dot{H}^s} = \left(\int_{\mathbb{R}^d} |\xi|^{2s} |\hat{f}(\xi)|^2 d\xi\right)^{1/2}$$

と置くと，直接計算によって $\|f\|_{H^s} \approx \|f\|_{L^2} + \|f\|_{\dot{H}^s}$ が分かる．また，Minkowski の不等式 $\|f + g\|_{H^s} \le \|f\|_{H^s} + \|f\|_{H^s}$ が成立することはすぐに分かる．

3.3　Littlewood-Paley 分解

　ここで，**Littlewood-Paley** 分解を導入しよう．関数の **Fourier** 変換の無限遠への減衰（増大）オーダーがその関数の滑らかさに対応しているので（定理 **1.3** 参照），要はそのオーダーを効率的に洞察するための関数の分解法だともいえる．

定義 3.8 （**Littlewood-Paley 分解**）$\hat{\psi} \in C_c^\infty$ が $0 \leq \hat{\psi}(\xi) \leq 1$ $(\xi \in \mathbb{R}^d)$ を満たし，かつ $\mathrm{supp}\,\hat{\psi} \subset \{\xi \in \mathbb{R}^3 : |\xi| \leq 2\}$, $\hat{\psi}(\xi) = 1$ $(|\xi| \leq 3/2)$ を満たすものとする．これを使って以下のように「一の分解」を構成する．まず，

$$\hat{\varphi}_0(\xi) := \hat{\psi}_0(\xi) - \hat{\psi}_{-1}(\xi), \quad \hat{\psi}_j(\xi) = \hat{\psi}(\xi/2^j)$$

と定義する．すると，$\hat{\varphi}_0 \in C_c^\infty$ であり，$0 \leq \hat{\varphi}_0(\xi) \leq 1$ $(\xi \in \mathbb{R}^d)$ かつ $\mathrm{supp}\,\hat{\varphi}_0 \subset \{\xi \in \mathbb{R}^3 : 3/4 \leq |\xi| \leq 2\}$, $\hat{\varphi}_0(\xi) = 1$ $(1 \leq |\xi| \leq 3/2)$ を満たすことが分かる．さらに「一の分解」

$$\sum_{j \in \mathbb{Z}} \hat{\varphi}_j(\xi) = 1 \quad (\hat{\varphi}_j(\xi) := \hat{\varphi}_0(\xi/2^j))$$

が $\xi \in \mathbb{R}^d \setminus \{0\}$ で成立することが分かる．原点が除外されている点に注意する．

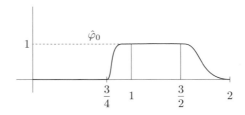

図 3.1 $\hat{\varphi}_0$ のイメージ．

定義の中に $3/2$ や 2 といった具体的な数字が出てきているが，あとで示す"ノルム同値"によって，そのような数字にあまり深い意味がないことが分かる．個々の数字にあまり意味がない点から，**Littlewood-Paley 分解**が，物理的概念の「スケール」と相通じていることを感じ取ることができる．

本書において，Littlewood-Paley 分解が（数学的に）最も威力を発揮するのは，次章で詳述する"積の評価"と"Commutator estimate"であろう．具体的には，異なるスケールにおける円環の重なり具合を評価する点でその威力が発揮される（図 4.3 がそのイメージ図となる）．

定義 3.9 （**Littlewood-Paley 分解を使った Sobolev 空間の定義**）$s > 0$ に対して以下のように H_*^s を定義する：

$$H_*^s := \{f \in L^2 : \|f\|_{H_*^s} < \infty\}.$$

ノルムを

$$\|f\|_{H_*^s} = \|f\|_{L^2} + \|f\|_{\dot{H}_*^s},$$

$$\|f\|_{\dot{H}_*^s} = \left(\sum_{j=-\infty}^{\infty} 2^{2sj} \|\hat{\varphi}_j \hat{f}\|_{L^2}^2 \right)^{1/2}$$

と定義する.

$\|\cdot\|_{H_*^s}$ を非斉次ノルム (inhomogeneous), $\|\cdot\|_{\dot{H}_*^s}$ を斉次ノルム (homogeneous) という. 厳密には, φ_0 の選び方によって, その H_*^s ノルムが変動するが, その変動が高々「ノルム同値」で評価できることが分かるので, 実際のところ, φ_0 の具体的な形は気にしなくてよい. 詳細は Sawano[13] を参照のこと.

補足 3.10 ここでは H_*^s のみを定義しているが, この Littlewood-Paley 分解を使って **Besov** 空間を定義することが出来る (ノルムのみを紹介する).

$$\|f\|_{B_{p,q}^s} := \|f\|_{L^p} + \|f\|_{\dot{B}_{p,q}^s},$$

$$\|f\|_{\dot{B}_{p,q}^s} := \left(\sum_{j=-\infty}^{\infty} 2^{sqj} \|\varphi_j * f\|_{L^p}^q \right)^{1/q}.$$

$\varphi(x) = \mathcal{F}^{-1}[\hat{\varphi}](x)$ であり,

$$f * \varphi_j = \int_{\mathbb{R}^d} f(x-y)\varphi_j(y)dy$$

と定義される (合成積という).

定理 3.11 $f \in H^s$ $(s > 0)$ に依存しない或る定数 $C > 0$ が存在し, 以下のノルム同値が成立する.

$$C^{-1}\|f\|_{H_*^s} \le \|f\|_{H^s} \le C\|f\|_{H_*^s}.$$

「まえがき」に書いてある通り, これを $\|f\|_{H_*^s} \approx \|f\|_{H^s}$ と書く. ノルム同値があるので, 以後, この H_*^s と H^s は区別しない.

証明の概略 $\sum_{j \in \mathbb{Z}} |\hat{\varphi}_j(\xi)|^2 \approx 1$, $(1 + |\xi|^2)^{s/2} \approx 1 + |\xi|^s$, $|\xi|^s |\varphi_j(\xi)|^2 \approx 2^{2sj} |\varphi_j(\xi)|^2$ を勘案すると, 上の欲しい定理が得られる. 詳しい証明に関しては, 例えば Sawano[13] の「リフト作用素」を参照のこと.

3.4 Sobolev 空間の完備性および Sobolev の埋め込み定理

非斉次 Sobolev 空間が完備になることを示そう.

定理 3.12 $f_n \in H^s(\mathbb{R}^d)$ $(n = 1, 2, \cdots)$ が $\|f_k - f_\ell\|_{H^s} \to 0$ $(k > \ell \to \infty)$ を満たすならば, ある $f \in H^s$ が存在して

$$\lim_{n \to \infty} \|f_n - f\|_{H^s} = 0$$

が成立する.

補足 3.13 L^2 の稠密性を組み合わせることで H^s の稠密性も示すことが出来る.

証明 L^2 ノルムの Cauchy 列にもなっているので，ある $f \in L^2$ が存在して

$$\|f_n - f\|_{L^2} \to 0$$

が得られる．この f が H^s に入ることをいえばよい．各 Littlewood-Laley 分解 φ_j に対して

$$\|\hat{\varphi}_j(\hat{f}_k - \hat{f}_\ell)\|_{L^2} \to 0 \quad (\ell, k \to \infty)$$

が成立するので，ある $\hat{f}^j \in L^2$ が存在して

$$\|\hat{\varphi}_j \hat{f}_k - \hat{f}^j\|_{L^2} \to 0$$

が得られる．この $\hat{f}^j$ が超関数の意味で（すなわち，殆どいたるところで）$\hat{\varphi}_j \hat{f}$ と一致することを示せば，結局 $\hat{f} = \sum_j \hat{\varphi}_j \hat{f}$ より $f \in H^s$ が言える．任意の $\phi \in C_c^\infty$ に対して，Hölder の不等式により

$$\left| \int \left[\hat{\varphi}_j \hat{f} - \hat{f}^j \right] \phi \right| \leq \|f_k - f\|_{L^2} \|\varphi_j \hat{\phi}\|_{L^2} + \|\hat{\varphi}_j \hat{f}_k - \hat{f}^j\|_{L^2} \|\phi\|_{L^2}$$
$$\to 0 \quad (k \to \infty)$$

なので，超関数の意味で $\hat{f}^j = \hat{\varphi}_j \hat{f}$ となることが分かった.

次に，Sobolev の埋め込み定理を説明する．後述する Euler 方程式の数学解析においても，特に L^∞ に埋め込まれる Sobolev 空間が際立って重要となる．ここで登場する L^∞-ノルムは，厳密には $\|f\|_{L^\infty} = \inf\{\lambda > 0 : |f(x)| < \lambda \quad \text{a.e.} \ x \in \mathbb{R}^d\}$ と定義されるが，本書では，「連続関数列の一様収束」を扱う際に L^∞-ノルムを用いるため，$\|f\|_{L^\infty} = \sup_{x \in \mathbb{R}^d} |f(x)|$ とみなしても一向に差し支えない.

定理 3.14（Sobolev の埋め込み定理） $s > d/2$ とし，m を非負の整数とする．すると，$f \in C_c^\infty$ に対して次の埋め込み定理が成立する．s に依存するある正の定数 C_s（f には依存しない）が存在して，

$$\|\nabla^m f\|_{L^\infty} \leq C_s \|f\|_{H^{s+m}}$$

が得られる．なお

$$\|\nabla^m f\|_{L^\infty} := \sum_{\substack{m_1 + \cdots + m_d = m, \\ 0 \leq m_1, \cdots, m_d \leq m}} \|\partial_{x_1}^{m_1} \partial_{x_2}^{m_2} \cdots \partial_{x_d}^{m_d} f\|_{L^\infty}$$

と定義する.

証明 ここでは $m = 0$ の場合のみを証明する．$s > d/2$ より，$\int (1 + |\xi|^2)^{-s} d\xi$ が有限値になることに注意する．直接計算により

$$
\begin{aligned}
\sup_x |f(x)| &\leq \sup_x |\int \hat{f}(\xi) e^{ix\xi} d\xi| \leq \int |\hat{f}(\xi)| d\xi \\
&\leq \int (1 + |\xi|^2)^{-s/2} (1 + |\xi|^2)^{s/2} |\hat{f}(\xi)| d\xi \\
\text{(Hölder の不等式)} \quad &\leq (\int (1 + |\xi|^2)^{-s} d\xi)^{1/2} (\int (1 + |\xi|^2)^s |\hat{f}(\xi)|^2 d\xi)^{1/2} \\
&\lesssim \|f\|_{H^s}
\end{aligned}
$$

が得られる．

稠密性により，任意の $f \in H^s$ に対して或る関数列 $\{f^j\}_j \subset C_c^\infty$ が存在し，

$$
\|f^j - f\|_{H^s} \to 0 \quad (j \to \infty)
$$

が成立するので，Sobolev の埋め込み定理と微分積分学で習う "連続関数列の一様収束先は，再び連続関数になる" を適用することで，その f も連続関数になることが分かる．ここで第 1 章の内容を思い出そう．「新しくかつ広大な現象」[11] により，H^{s+m} と C^m との間には大きなギャップが存在する．

第 4 章
Euler 方程式の時間局所解の存在定理

4.1 Euler 方程式の時間局所解の存在定理

本章では，Sobolev 空間を使って Euler 方程式の解の存在を示す．より具体的には，Majda-Bertozzi[38] の Chapter 3 のアイデアに沿って（改良・詳細な補足も加えながら）解の存在定理を証明する．第 2 章の Navier-Stokes 方程式のときと同じく，Euler 方程式の研究結果もかなり膨大な量となるため，それらを網羅することはここではしない（Euler 方程式の解の一意存在定理の詳しい歴史的背景に関しては，Okamoto[3] の第 7 章（7.6 節）に詳しく書かれているので，そちらを参照されたい）．以下にすでに知られている結果を簡潔にまとめておこう．

3 次元の場合：

- H^s $(s > 5/2)$ に属する任意の初期速度場に対して，時間局所解が一意に存在する．

2 次元の場合：

- H^s $(s > 2)$ に属する任意の初期速度場に対して，時間大域解が一意に存在する．

100 万ドルが獲得出来るわけではないが・・・

- 未解決問題：3 次元 Euler 方程式において，H^s $(s > 5/2)$ に属する任意の初期速度場に対して時間大域解は一意に存在するのか？或いは有限時間で爆発する解が存在するのか？

本章では，時間局所解の存在定理を論じ，次章で 2 次元の場合の時間大域解の存在定理を詳述する．まずは **Euler 方程式**を導入しよう．Euler 方程式は以下のものである（便宜上，3 次元に限定して記述するが，一般の d 次元の場合も全く同様である）：

$$\partial_t u + (u \cdot \nabla)u = -\nabla p, \ x \in \mathbb{R}^3, \ t > 0, \tag{4.1}$$

$$\nabla \cdot u = 0, \ u|_{t=0} = u_0.$$

u は時間変化する $\mathbb{R}^3$ 上の実数値のベクトル値関数（速度場）であり，

$$u = (u_1(t,x), u_2(t,x), u_3(t,x)), \ x = (x_1, x_2, x_3)$$

である．p は時間変化する実数値のスカラー値関数（圧力）であり，$p = p(t,x)$ である．なお $(u \cdot \nabla)u_j = \sum_{i=1}^{3} \partial_{x_i}(u_i u_j)$ である．$\nabla \cdot u = \partial_{x_1} u_1 + \partial_{x_2} u_2 + \partial_{x_3} u_3 = 0$ は**非圧縮性条件**（**divergence-free**）と言う．それらの幾何学的意味合いは，5.1 節で詳しく述べられている．

　方程式の中に現れる u に関して，最高階の微分を持つ項は $\partial_t u$ と ∇u なので，少なくとも「空間方向は C^1 級で時間方向は C^0 級」かつ「空間方向は C^0 級で時間方向は C^1 級」という関数全体の枠内で方程式を考えるのが自然だろう．しかしながら，それではうまく解けないことが Bourgain-Li[19] によって示された（その事実からも，偏微分方程式，特に Euler 方程式にとって Sobolev 型の関数空間を扱うことが本質であることが分かる）．

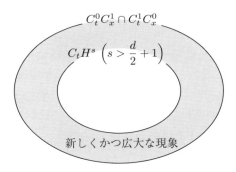

図 4.1 　俯瞰図（図 1.5 と比較せよ）．

　圧力 p は速度場 u を使って表現することができる．具体的には以下の計算によってそれを理解することができる．$\nabla \cdot \nabla = \Delta$ なので，$\nabla\cdot$ を Euler 方程式の両辺にかけると

$$\nabla \cdot \left((u \cdot \nabla) \right) u = -\Delta p$$

が得られる．前章で定義したラプラシアンの逆作用素 $(-\Delta)^{-1}$ を用いると，圧力の表現式が得られる：

$$p = (-\Delta)^{-1} \nabla \cdot \left((u \cdot \nabla)u \right).$$

これを踏まえた上で作用素（**Helmholtz-Leray 射影**，ヘルムホルツ・ルレイ射影）P を $Pu := u + \nabla(-\Delta)^{-1}\nabla \cdot u$ と定義する．この P を使うことで，Euler 方程式は

$$\partial_t u + P(u \cdot \nabla)u = 0$$

と書き換えられる．Fourier 変換によって，P の具体的な表示式を以下のように得ることができる．

$$\mathcal{F}[Pu](\xi) = \begin{pmatrix} 1 - \frac{\xi_1^2}{|\xi|^2} & -\frac{\xi_1 \xi_2}{|\xi|^2} & -\frac{\xi_1 \xi_3}{|\xi|^2} \\ -\frac{\xi_2 \xi_1}{|\xi|^2} & 1 - \frac{\xi_2^2}{|\xi|^2} & -\frac{\xi_2 \xi_3}{|\xi|^2} \\ -\frac{\xi_3 \xi_1}{|\xi|^2} & -\frac{\xi_3 \xi_2}{|\xi|^2} & 1 - \frac{\xi_3^2}{|\xi|^2} \end{pmatrix} \begin{pmatrix} \hat{u}_1(\xi) \\ \hat{u}_2(\xi) \\ \hat{u}_3(\xi) \end{pmatrix}.$$

補足 4.1　第 2 章で導入された「Fourier 級数展開された Navier-Stokes 方程式」に出てくる P_n は，本質的には上の P と同じである．

　方程式の式変形を進めることができたので，ここからはこの方程式の解の存在定理に必要な不等式や関数空間の導入を進めよう．第 2 章の Navier-Stokes 方程式のときは，

- 合成積の評価
- Gauss 核の評価
- Helmholtz-Leray 射影の評価

の評価の三つを重要な不等式として導いたが，今回の Euler 方程式では

- 関数の積の評価（本質は，NS のときの合成積の評価と同じ）
- Helmholtz-Leray 射影の評価

の二つが重要な不等式となる．**Navier-Stokes 方程式のときと違ってラプラシアンがないので，Gauss 核の評価の必要性がなくなるのだが，代わりに弱収束，弱連続の概念を導入しなければならず，その点が第 2 章の Navier-Stokes 方程式の場合よりも（かなり）ややこしい．**

　ベクトル値関数のノルムを $\|u\|_{L^2} := \|u_1\|_{L^2} + \|u_2\|_{L^2} + \|u_3\|_{L^2}$，$\|u\|_{H^s} := \|u_1\|_{H^s} + \|u_2\|_{H^s} + \|u_3\|_{H^s}$ と定義する．上の表現公式から，Parseval の等式によって，任意のベクトル値関数 $u \in L^2$ または $u \in H^s$ が

$$\|Pu\|_{L^2} \lesssim \|u\|_{L^2}, \quad \|Pu\|_{H^s} \lesssim \|u\|_{H^s}$$

を満たすことはすぐに分かる（Helmholtz-Leray 射影の評価）．

　関数空間を定義しよう．なお，$\|u(t,x)\|_{H_x^s}$ は，x 変数に対して H^s ノルムを取る，という意味である．

定義 4.2　$C([0,T] : H^s)$ を以下のように定義する：

$$C([0,T] : H^s) := \Big\{ u : [0,T] \times \mathbb{R}^d \to \mathbb{R}^d : \|u\| := \sup_{0<t<T} \|u(t,x)\|_{H_x^s} < \infty,$$

任意の $t \in (0,T)$ に対して $\|u(t+h,x) - u(t,x)\|_{H_x^s} \to 0 \ (|h| \to 0)$,

$$\|u(h,x) - u(0,x)\|_{H_x^s} \to 0 \ (h > 0, h \to 0) \Big\}.$$

連続関数列の一様収束先は連続関数になるので，関数列 $\{f_j(t,x)\}_j \subset$

$C([0,T) : H^s)$ $(s > d/2)$ が $\sup_{0<t<T} \|f_j(t,x) - f_k(t,x)\|_{H_x^s} \to 0$ $(j > k \to \infty)$ なら，ある時空間連続関数 $f \in C([0,T) : H^s)$ が存在して，$\sup_{0<t<T} \|f_j(t,x) - f(t,x)\|_{H_x^s} \to 0$ が得られる．なお，H^s は稠密なので，従って $C([0,T) : H^s)$ $(s > d/2+1)$ は「空間方向に C^1 級，時間方向に C^0 級」となる関数全体に埋め込まれる．

　それでは主定理を以下に記述しよう．

定理 4.3　$s \in \mathbb{R}$ は $s > d/2 + 1$ を満たす定数とする．divergence-free 条件 $\nabla \cdot u_0 = 0$ を満たす任意の $u_0 \in H^s(\mathbb{R}^d)$ に対して，或る $T = T(s, \|u_0\|_{H^s})$ が存在し，それは Euler 方程式 (4.1) の一意解 u を以下の関数クラスで有する．

$$C([0,T] : H^s(\mathbb{R}^d)).$$

　まずは Euler 方程式をもとに近似方程式を導入する．そのために，前章で定義した Littlewood-Paley 分解を使用する．$f \in L^2$ に対して $\Delta_k f(x) := \mathcal{F}^{-1}[\hat{\varphi}_k \hat{f}](x)$, $P_k f(x) = \mathcal{F}^{-1}[\hat{\psi}_{k-3}\hat{f}](x)$ と定義する．これら Δ_k や P_k は「軟化子」と呼ばれており，関数を滑らかにする作用素である．軟化子を使って Euler 方程式を近似するのである．具体的にどのような「滑らかにする作用」があるのかという点に関しては，次の命題がそれを示している．

命題 4.4　任意の $f \in H^{s'}$ に対して次が成立する：

$$\|\Delta_k f\|_{H^s} \lesssim 2^{2k(s-s')}\|f\|_{H^{s'}} \quad (s > s'),$$

$$\|P_k f\|_{H^s} \lesssim 2^{2k(s-s')}\|P_k f\|_{H^{s'}} \lesssim 2^{2k(s-s')}\|f\|_{H^{s'}} \quad (s > s'), \quad (4.2)$$

$$\|(P_k - P_{k'})f\|_{H^s} \lesssim \max\{2^{k(s-s')}, 2^{k'(s-s')}\}\|(P_k - P_{k'})f\|_{H^{s'}} \quad (4.3)$$
$$\lesssim \max\{2^{k(s-s')}, 2^{k'(s-s')}\}\|f\|_{H^{s'}} \quad (s' > s).$$

証明は，Sobolev ノルムの定義と Parseval の等式を使うことで，すぐに分かる．また任意の $f \in L^\infty$ に対して

$$\|P_{j'}f\|_{L^\infty} = \sup_x \Big| \int_{\mathbb{R}^d} \psi_{j'}(x-y)f(y)dy \Big|$$
$$\leq \|\psi_{j'}\|_{L^1}\|f\|_{L^\infty} = \|\psi\|_{L^1}\|f\|_{L^\infty} \lesssim \|f\|_{L^\infty}$$

が成立する．

　なお，変数変換により，任意の $j \geq 1$ に対して $\|\varphi_j\|_{L^1} = \|\varphi\|_{L^1}$, $\|\psi_j\|_{L^1} = \|\psi\|_{L^1}$ となることを後で使う．ここで，軟化子 P_k を使った以下の近似方程式を導入する．

$$\partial_t u = -P_k P(u \cdot \nabla)P_k u.$$

ここで記号の補足を与えなければならない．P は Helmholtz-Leray 射影で P_k は軟化子である．それぞれ全く違うことに注意する（特に第 2 章で出てきた

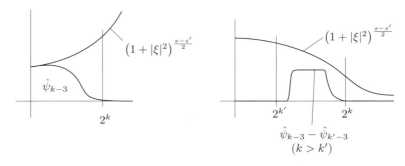

図 4.2 (4.2) と (4.3) のイメージ.

P_n とは全く違う！）．まず最初に，Picard の逐次近似法を使ってこの近似方程式の解の存在を示す．そのために，形式的に時間積分した式

$$u(t) := u_0 - \int_0^t P_k P \left((u(\tau) \cdot \nabla) P_k u(\tau) \right) d\tau$$

を考える．その近似方程式の解の存在に関しては，第 2 章の NS 方程式の時間局所解の存在定理のアイデアと揃えるようにした．まずは定理を述べ，証明に関してはポイントだけを押えることにしよう．

定理 4.5 $s \in \mathbb{R}$ は $s > d/2 + 1$ を満たす定数とする．divergence-free 条件 $\nabla \cdot u_0 = 0$ を満たす任意の $u_0 \in H^s(\mathbb{R}^d)$ に対してある T_k が存在し，上の近似方程式の一意解 u を以下の関数クラスで有する．

$$C([0, T_k] : H^s(\mathbb{R}^d)).$$

この T_k は現時点では，$T_k \to 0 \ (k \to \infty)$ となる可能性が残されていることに注意する．

証明の概略

- 逐次近似列：

    まずは逐次近似列を構成する．

    $$h^0(t) := u_0,$$

    $$h^{j+1}(t) := h^0(t) - \int_0^t P P_k \left((h^j(\tau) \cdot \nabla) P_k h^j(\tau) \right) d\tau.$$

- 一様有界性：

    上で構成した逐次近似列 $\{h^j\}_j$ が一様有界になることを示す．すなわち，$X_T^s := \{h \in C([0, T] : H^s) : \|h\| \leq 2\|u_0\|_{H^s}\}$ と定義し，次の二つを示せばよい：$h^0 \in X_T^s, \ h^j \in X_T^s \Rightarrow h^{j+1} \in X_T^s$．$h^0 \in X_T^s$ は明らかなので，ここでは $h^j \in X_T^s \Rightarrow h^{j+1} \in X_T^s$ を示す．まず，P は H^s 有界なので

    $$\left\| \int_0^t P P_k \left((h^j(\tau) \cdot \nabla) P_k h^j(\tau) \right) d\tau \right\|_{H^s} \leq \int_0^t \|(h^j(\tau) \cdot \nabla) P_k h^j(\tau)\|_{H^s} d\tau$$

が得られる．時間積分と空間ノルムの入れ替えに関しては，時間方向を Riemann 積分とみなして離散化し，空間ノルムに Minkowski の不等式を施したものと思って差し支えない．後で示す積の評価と Sobolev の埋め込み定理により

$$\|(h^j(\tau) \cdot \nabla) P_k h^j(\tau)\|_{H^s} \leq \|h^j(\tau)\|_{H^s} \|P_k h^j(\tau)\|_{H^{s+1}}$$
$$\leq 2^{2k} \|h^j(\tau)\|_{H^s} \|h^j(\tau)\|_{H^s}$$

が成立するので，全ての $t \in [0, T]$ に対して

$$\left\| \int_0^t P P_k \left((h^j(\tau) \cdot \nabla) P_k h^j(\tau) \right) d\tau \right\|_{H^s}$$
$$\leq \int_0^t \|h^j(\tau)\|_{H^s} \|P_k h^j(\tau)\|_{H^{s+1}} d\tau$$
$$\leq 2^{2k} T \left(\sup_{0 < \tau < T} \|h^j(\tau)\|_{H^s} \right)^2$$
$$\leq 2^{2k} 4T \|u_0\|_{H^s}^2$$

と評価され，$2^{2k} 4T \|u_0\|_{H^s} = 1$ となるように T を選ぶと，最終的には

$$\|h^{j+1}\| \leq 2\|u_0\|_{H^s}$$

が得られる．ポイントは，軟化子についての命題 4.4, すなわち $\|P_k h^j\|_{H^{s+1}} \lesssim 2^{2k} \|h^j\|_{H^s}$ の適用である（ここで k の依存性が出現してしまう）．また，第 2 章の局所解の存在定理のときと同様，

$$h^{j+1}(t) := h^0(t) - \int_0^t P P_k \left((h^j(s) \cdot \nabla) P_k h^j(s) \right) ds$$

を使って $h^{j+1}(t)$ の t に対する連続性も逐次的に示すこともできる（詳細な計算は省略する）．

- Cauchy 列：
  上の一様有界性により $\|h^j - h^k\| \to 0$ $(j > k \to \infty)$ を示すことができる．示し方は第 2 章と全く同じなので省略する．関数空間の完備性により，極限関数が $C([0, T_k] : H^s)$ の中に存在することが分かる．

4.2 Sobolev ノルムにおける関数の積の評価

上の一連のノルム評価において，最も重要なポイントが「積の評価」である．証明には Bony's paraproduct formula[17] を採用する．全体の証明は Christ-Weinstein[20] に起源を持つ（Takada[40] も参照されたい）．

定理 4.6 $s > d/2$ とする．すると $f, g \in H^s(\mathbb{R}^d)$ に対して以下の不等式が成り立つ．

$$\|fg\|_{\dot{H}^s} \le \|f\|_{L^\infty}\|g\|_{\dot{H}^s} + \|g\|_{L^\infty}\|f\|_{\dot{H}^s}.$$

補足 4.7 Sobolev の埋め込み定理と $\|fg\|_{L^2} \le \|f\|_{L^\infty}\|g\|_{L^2}$ により

$$\|fg\|_{H^s} \lesssim \|f\|_{H^s}\|g\|_{H^s}$$

が得られる.

証明 まず,Littlewood-Paley 分解を使って H^s に入る関数を細かく分解しよう.

$$T_f g = \sum_{j\in\mathbb{Z}} P_j f \Delta_j g, \quad T_g f = \sum_{j\in\mathbb{Z}} P_j g \Delta_j f, \quad R(f,g) = \sum_{i\in\mathbb{Z}} \sum_{|i-j|\le 2} \Delta_i f \Delta_j g$$

と置く.$f = \sum_{j\in\mathbb{Z}} \Delta_j f$, $g = \sum_{j\in\mathbb{Z}} \Delta_j g$ を念頭に置こう.すると

$$fg = T_f g + T_g f + R(f,g)$$

と関数の掛け算が分解できる.掛け算の Fourier 変換が合成積になることを思い出そう.$|j-j'| \ge 2$ のときは $\mathrm{supp}\,\hat{\varphi}_j \cap \mathrm{supp}\,\hat{\varphi}_{j'} = \emptyset$ なので,

$$\mathrm{supp}\,\mathcal{F}[P_{j'}f\Delta_{j'}g] \subset \left\{ \xi \in \mathbb{R}^d : 2^{j'-2} \le |\xi| \le 2^{j'+2} \right\}$$

が成立し,よって $|j-j'| \ge 4$ において

$$\Delta_j(P_{j'}f\Delta_{j'}g) = 0$$

が成立する.これは要は $P_{j'}f\Delta_{j'}g$ のサポートが円環になることに由来している.

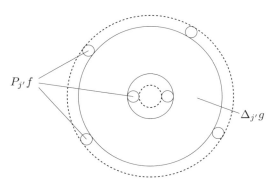

図 4.3 円環になることのイメージ(点線).

この事実によって

$$\Delta_j(fg) = \sum_{|j-j'|\le 3} \Delta_j(P_{j'}f\Delta_{j'}g) + \sum_{|j-j'|\le 3} \Delta_j(P_{j'}g\Delta_{j'}f)$$
$$+ \sum_{\max\{i',j'\}\ge j-2} \sum_{|i'-j'|\le 2} \Delta_j(\Delta_{i'}f\Delta_{j'}g)$$

$$= I_1 + I_2 + I_3$$

と分解できる. 尚, I_3 に関しては, $\max\{i', j'\} \geq j-2$ に反する i', j' に対し, $\Delta_{i'} f \Delta_{j'} g$ は Δ_j の円環の小さい穴にすっぽりと入ってしまうので, それに対応する項はゼロとなる. $\Delta_{i'} f \Delta_{j'} g$ のサポートが円環ではなくボールになってしまい, よって無限和になっていることに注意する. I_1 は次のように評価することができる.

$$\|I_1\|_{L^2} \leq C \sum_{|j-j'| \leq 3} \|P_{j'} f\|_{L^\infty} \|\Delta_{j'} g\|_{L^2} \leq C \|f\|_{L^\infty} \sum_{|j-j'| \leq 3} \|\Delta_{j'} g\|_{L^2}.$$

同様にして I_2 を次のように評価できる.

$$\|I_2\|_{L^2} \leq C \|g\|_{L^\infty} \sum_{|j-j'| \leq 3} \|\Delta_{j'} f\|_{L^2}.$$

さらに I_3 も次のように評価ができる.

$$\|I_3\|_{L^2} \leq C \sum_{\max\{i', j'\} \geq j-2} \sum_{|i'-j'| \leq 2} \|\Delta_{i'} f\|_{L^\infty} \|\Delta_{j'} g\|_{L^2}$$
$$\leq C \|f\|_{L^\infty} \sum_{j' \geq j-4} \|\Delta_{j'} g\|_{L^2}.$$

これらの評価をもとにして, 次のように積の評価を進めることができる.

$$\|fg\|_{\dot{H}^s} = \left(\sum_{j \in \mathbb{Z}} 2^{2sj} \|\Delta_j(fg)\|_{L^2}^2 \right)^{1/2}$$

$$\lesssim \|f\|_{L^\infty} \left(\sum_{j \in \mathbb{Z}} \left(\sum_{|j-j'| \leq 3} 2^{sj} \|\Delta_{j'} g\|_{L^2} \right)^2 \right)^{1/2}$$

$$+ \|g\|_{L^\infty} \left(\sum_{j \in \mathbb{Z}} \left(\sum_{|j-j'| \leq 3} 2^{sj} \|\Delta_{j'} f\|_{L^2} \right)^2 \right)^{1/2}$$

$$+ \|f\|_{L^\infty} \left(\sum_{j \in \mathbb{Z}} \left(\sum_{j' \geq j-4} 2^{sj} \|\Delta_{j'} g\|_{L^2} \right)^2 \right)^{1/2}$$

$$= J_1 + J_2 + J_3.$$

J_3 に関しては, $k = j' - j$ と変数変換をおこなうことで, 次のようになる.

$$J_3 = C \|f\|_{L^\infty} \left(\sum_{j \in \mathbb{Z}} \left(\sum_{k \geq -4} 2^{sj} \|\Delta_{j+k} g\|_{L^2} \right)^2 \right)^{1/2}.$$

J_1 と J_2 に関しては, $(\sum_j^N a_j)^2 \leq N \sum_j^N a_j^2$ を適用し, J_3 に対しては, 以下の Minkowski の不等式を適用させよう. $a_k = \{a_k(j)\}_{j \in \mathbb{Z}}$ と置くと

$$\left(\sum_j \left(\sum_k |a_k(j)|\right)^2\right)^{1/2} = \left(\sum_j |a_1(j) + a_2(j) + \cdots|^2\right)^{1/2}$$
$$= \|a_1 + a_2 + \cdots\|_{\ell^2}$$
$$\leq \|a_1\|_{\ell^2} + \|a_2\|_{\ell^2} + \cdots.$$

すると,

$$J_1 + J_2 + J_3 \lesssim \|f\|_{L^\infty} \left(\sum_{j \in \mathbb{Z}} \sum_{|j-j'|\leq 3} 2^{2sj} \|\Delta_{j'} g\|_{L^2}^2\right)^{1/2}$$
$$+ \|g\|_{L^\infty} \left(\sum_{j \in \mathbb{Z}} \sum_{|j-j'|\leq 3} 2^{2sj} \|\Delta_{j'} f\|_{L^2}^2\right)^{1/2}$$
$$+ \|f\|_{L^\infty} \sum_{k \geq -4} \left(\sum_{j \in \mathbb{Z}} 2^{2sj} \|\Delta_{j+k} g\|_{L^2}^2\right)^{1/2}$$
$$= J_1' + J_2' + J_3'$$

と式変形ができる. さて

$$\left(\sum_{j \in \mathbb{Z}} \sum_{|j-j'|\leq 3} 2^{2sj} \|\Delta_{j'} h\|_{L^2}^2\right)^{1/2}$$
$$= \left(\sum_{k=-3}^{3} 2^{-2sk} \sum_{j \in \mathbb{Z}} 2^{2s(j+k)} \|\Delta_{j+k} h\|_{L^2}^2\right)^{1/2} \lesssim \|h\|_{\dot{H}^s}$$

が $h \in \dot{H}^s$ で成り立つので,

$$J_1' + J_2' \leq C\|f\|_{L^\infty} \|g\|_{\dot{H}^s} + C\|g\|_{L^\infty} \|f\|_{\dot{H}^s}$$

となる. J_3' に関しては, 次のように評価ができる.

$$J_3' \lesssim \|f\|_{L^\infty} \sum_{k \geq -4} 2^{-sk} \left(\sum_{j \in \mathbb{Z}} 2^{2s(j+k)} \|\Delta_{j+k} g\|_{L^2}^2\right)^{1/2} \lesssim \|f\|_{L^\infty} \|g\|_{\dot{H}^s}.$$

これらを組み合わせると, 欲しい積の評価が得られる.

4.3 Euler 方程式の Sobolev ノルムによるエネルギー型不等式

次に, エネルギー型の不等式により, 解の存在時間が k に依存しないことを示す. ここからは, k に依存する近似方程式の解を (u^k, p^k) と置く. 近似方程式に対して Littlewood-Paley 分解 Δ_j を施す.

$$\partial_t \Delta_j u^k + \Delta_j P_k \left((u^k \cdot \nabla) P_k u^k\right) = -\Delta_j \nabla p^k,$$

$$\nabla \cdot \Delta_j u^k = 0, \quad u^k|_{t=0} = u_0.$$

両辺に $\Delta_j u^k$ をかけて $\mathbb{R}^d$ 積分を施す．$\|u\|_{\dot{H}^s} \approx \left(\sum_{j\in\mathbb{Z}} 2^{2sj}\|\Delta_j u\|_{L^2}^2\right)^{1/2}$ となることに注意する．そうすると，部分積分と divergence-free により

$$\frac{1}{2}\frac{d}{dt}\|\Delta_j u^k(t)\|_{L^2}^2 + \int_{\mathbb{R}^3} \Delta_j P_k\left((u^k \cdot \nabla)P_k u^k\right)\Delta_j u^k = 0$$

が得られる（今後，便宜上 dx を省略することがある）．両辺 2^{2sj} をかけて和を取る．すると，次のエネルギー型等式を得ることができる．

$$\frac{1}{2}\frac{d}{dt}\|u^k(t)\|_{\dot{H}^s}^2 = -\sum_j 2^{2sj}\int_{\mathbb{R}^3} \Delta_j P_k\left((u^k \cdot \nabla)P_k u^k\right)\Delta_j u^k.$$

ところで，Parseval の等式により，$f,g \in L^2$ に対して $\int P_k f \cdot g = \int f \cdot P_k g$ なので，

$$\int_{\mathbb{R}^3} P_k\left((u^k(t,x)\cdot\nabla)\Delta_j P_k u^k(t,x)\right)\cdot\Delta_j u^k(t,x)dx$$
$$= \int_{\mathbb{R}^3}(u^k(t,x)\cdot\nabla)\Delta_j P_k u^k(t,x)\cdot(\Delta_j P_k u^k)(t,x)dx$$

と式変形ができ，さらに

$$S := \int_{\mathbb{R}^3}(u^k(t,x)\cdot\nabla)\Delta_j P_k u^k(t,x)\cdot\Delta_j P_k u^k(t,x)dx = 0 \qquad (4.4)$$

が得られる．これを **skew-symmetry** という．簡単のため，2 次元の場合で直接計算してみよう．便宜上，$\Delta_j P_k u^k = v = (v_1, v_2)$ と置き，$u^k = (u_1, u_2)$ と置く．divergence-free により

$$S = \int (u_1\partial_1 v_1 + u_2\partial_2 v_1)v_1 + \int(u_1\partial_1 v_2 + u_2\partial_2 v_2)v_2$$
$$= \int \partial_1(u_1 v_1)v_1 + \partial_2(u_2 v_1)v_1 + \int \partial_1(u_1 v_2)v_2 + \partial_2(u_2 v_2)v_2$$

と式変形できる．部分積分により，

$$= -\int(u_1 v_1\partial_1 v_1 + u_2 v_1\partial_2 v_1) - \int(u_1 v_2\partial_1 v_2 + u_2 v_2\partial_2 v_2) = -S$$

が得られる．$S = -S$ という式が導かれたので，結局 $S = 0$ である．ここで，「積の評価」と並んで重要な commutator estimate（次節で詳しく証明する）を与えておこう．

定理 4.8 (commutator estimate) $s > d/2+1$ に対して或る定数 $C > 0$ が存在し，任意の $v, \theta \in H^s$ に対して

$$\left(\sum_{j\in\mathbb{Z}} 2^{2sj}\|\Delta_j(v\cdot\nabla)\theta - (v\cdot\nabla)\Delta_j\theta\|_{L^2}^2\right)^{1/2}$$
$$\leq C(\|\nabla v\|_{L^\infty}\|\theta\|_{\dot{H}^s} + \|\nabla\theta\|_{L^\infty}\|v\|_{\dot{H}^s})$$

が成立する.

上の定理と Hölder の不等式, Sobolev の埋め込み定理を使うことにより, 近似方程式の解 u^k は以下を満たす

$$\frac{1}{2}\frac{d}{dt}\|u^k(t)\|_{\dot{H}^s}^2$$

$$= -\sum_j 2^{2sj}\int_{\mathbb{R}^3}\Big[(\Delta_j\left((u^k(t,x)\cdot\nabla)P_k u^k(t,x)\right)$$

$$-(u^k(t,x)\cdot\nabla)\Delta_j P_k u^k(t,x)\Big]\cdot\Delta_j P_k u^k(t,x)dx$$

$$\leq \sum_j 2^{2sj}\|\Delta_j\left((u^k(t)\cdot\nabla)P_k u^k(t)\right)-(u^k(t)\cdot\nabla)\Delta_j P_k u^k(t)\|_{L^2}$$

$$\times\|\Delta_j P_k u^k(t)\|_{L^2}$$

$$\leq \sum_j 2^{sj}\|\Delta_j\left((u^k(t)\cdot\nabla)P_k u^k(t)\right)-(u^k(t)\cdot\nabla)\Delta_j P_k u^k(t)\|_{L^2}$$

$$\times 2^{sj}\|\Delta_j u^k(t)\|_{L^2}$$

$$\leq \left(\sum_j 2^{2sj}\|\Delta_j\left((u^k(t)\cdot\nabla)P_k u^k(t)\right)-(u^k(t)\cdot\nabla)\Delta_j P_k u^k(t)\|_{L^2}^2\right)^{1/2}$$

$$\times\|u^k(t)\|_{\dot{H}^s}$$

$$\lesssim \left(\|\nabla u^k(t)\|_{L^\infty}\|\nabla P_k u^k(t)\|_{\dot{H}^{s-1}}+\|\nabla P_k u^k(t)\|_{L^\infty}\|u^k(t)\|_{\dot{H}^s}\right)$$

$$\times\|u^k(t)\|_{\dot{H}^s}$$

$$\leq C\|u^k(t)\|_{\dot{H}^s}^3.$$

この定数 $C > 0$ は k に依存していない点に注意する. よって, 不等式

$$\frac{1}{2}\frac{d}{dt}\|u^k(t)\|_{\dot{H}^s}^2 \leq C\|u^k(t)\|_{\dot{H}^s}^3$$

を得ることができた. また, 左辺の時間微分を, 2 乗関数に素直に適用することで

$$\frac{d}{dt}\|u^k(t)\|_{\dot{H}^s} \leq C\|u^k(t)\|_{\dot{H}^s}^2$$

が得られる. また, Euler 方程式に u 自身を掛け算することによって,

$$\frac{1}{2}\frac{d}{dt}\|u(t)\|_{L^2}^2 = 0$$

も得ることができる. これを加味することで, 最終的に, 以下のエネルギー型不等式

$$\frac{d}{dt}\|u^k(t)\|_{H^s} \leq C\|u^k(t)\|_{H^s}^2$$

が得られた. この微分不等式は直接解くことができて,

$$\|u^k(t)\|_{H^s} \leq \frac{\|u_0\|_{H^s}}{1-C\|u_0\|_{H^s}t}$$

が $0 \le t < 1/C\|u_0\|_{H^s}$ で成立する．よって，

$$T = \frac{1}{2C\|u_0\|_{H^s}}$$

を満たすように T を取ると，$t \in [0, T]$ に対して次の評価式を得ることができる．

$$\|u^k(t)\|_{H^s} \le \frac{\|u_0\|_{H^s}}{1 - C\|u_0\|_{H^s}t} \le 2\|u_0\|_{H^s}.$$

これで，T は k に依存していないことが示せた．尚，これは Majda-Bertozzi[38] の Proposition 3.7 及びその周辺の計算に基づいている．

4.4 Commutator estimate

この節では **commutator estimate** を証明しよう．本書の証明は，Wu[41] に起源を持つ（Takada[40] も参照のこと）．Commutator estimate 自体の研究も盛んにおこなわれている（適宜調べられたい）．

定理 4.9 $s > d/2 + 1$ において，ある定数 $C > 0$ があって，任意の $v, \theta \in H^s$ に対して

$$\left(\sum_{j \in \mathbb{Z}} 2^{2sj} \|\Delta_j(v \cdot \nabla)\theta - (v \cdot \nabla)\Delta_j\theta\|_{L^2}^2 \right)^{1/2}$$
$$\le C(\|\nabla v\|_{L^\infty}\|\theta\|_{\dot{H}^s} + \|\nabla \theta\|_{L^\infty}\|v\|_{\dot{H}^s})$$

が成立する．

証明 まずは，$\Delta_j(v \cdot \nabla)\theta - (v \cdot \nabla)\Delta_j\theta$ を五つの部分に分解する．

$$\Delta_j(v \cdot \nabla)\theta - (v \cdot \nabla)\Delta_j\theta = K_1 + K_2 + K_3 + K_4 + K_5.$$

K_1 から K_5 は次のように表現される．

$$K_1 = \Delta_j(T_{v_i}\partial_i\theta) - T_{v_i}\partial_i(\Delta_j\theta), \quad K_2 = -\Delta_j T_{\partial_i\theta}v_i, \quad K_3 = T_{\partial_i\Delta_j\theta}v_i,$$

$$K_4 = -\Delta_j R(v_i, \partial_i\theta), \quad K_5 = R(v_i, \partial_i\Delta_j\theta).$$

これら五つの分解はそれぞれ j が index の x に対する関数である．ここでは i に関する 1 から d に関する和の記号を省略し，$\partial_j := \partial_{x_j}$ とした．積の評価のときの $fg = T_f g + T_g f + R(f, g)$ の分解を勘案すれば，上の分解はすぐにわかる．さて，K_2 から K_5 までの評価は実は前述の「積の評価」の所と方針は全く同じなので，それらは省略する．K_1 の評価が最も重要となるが，本質は「平均値の定理」である．

$$K_1 = \sum_{j' \in \mathbb{Z}} \left[(P_{j'}v_i\Delta_j(\partial_i\Delta_{j'}\theta) - \Delta_j\left((P_{j'}v_i)(\partial_i\Delta_{j'}\theta)\right) \right]$$

と書き下せる（i の和の記号は省略）.

$$\Delta_j(\partial_i \Delta_{j'}\theta) = 0 \quad \text{if} \quad |j - j'| \geq 2,$$

$$\Delta_j\left((P_{j'}v_i)(\partial_i \Delta_{j'}\theta)\right) = 0 \quad \text{if} \quad |j - j'| \geq 4$$

も本質である．すなわち，二つ目の j' の和を有限和に落とす為に $P_{j'}$ をはさんだ，といえる．すると次が得られる．

$$
\begin{aligned}
K_1 &= \sum_{|j'-j|\leq 3} \left[(P_{j'}v_i \Delta_j(\partial_i \Delta_{j'}\theta) - \Delta_j((P_{j'}v_i)(\partial_i \Delta_{j'}\theta))\right] \\
&= \sum_{|j-j'|\leq 3} 2^{jd} \int_{\mathbb{R}^d} \varphi_0(2^j(x-y))(P_{j'}v_i(x) - P_{j'}v_i(y))\partial_i \Delta_{j'}\theta(y)dy \\
&= \sum_{|j-j'|\leq 3} 2^{j(d+1)} \int_{\mathbb{R}^d} (\partial_i \varphi_0)(2^j(x-y))(P_{j'}v_i(x) - P_{j'}v_i(y))\Delta_{j'}\theta(y)dy.
\end{aligned}
$$

最後の等式は，部分積分と div-free：$\sum_i(\partial_i P_{j'}v_i) = 0$ によって正当化される．$P_{j'}v_i(x) - P_{j'}v_i(y)$ に対して平均値の定理を適用する．x も y も $\mathbb{R}^d$ の成分だが，各変数に対して「一変数の平均値の定理」を適用すればよく，より具体的には

$$
\begin{aligned}
P_{j'}v_i(x) - P_{j'}v_i(y) &= (x_1 - y_1)\left((\partial_1 P_{j'}v_i)(c_1, x_2, \cdots, x_d)\right) \\
&\quad + (x_2 - y_2)\left((\partial_2 P_{j'}v_i)(y_1, c_2, \cdots, x_d)\right) \\
&\quad + \cdots \\
&\quad + (x_d - y_d)\left((\partial_d P_{j'}v_i)(y_1, y_2, \cdots, c_d)\right)
\end{aligned}
$$

を満たす $c_1 \in (y_1, x_1), c_2 \in (y_2, x_2), \cdots, c_n \in (y_d, x_d)$ が存在することが分かる．このことにより，評価式に $\|\cdot\|_{L^\infty}$ が出てくることは本質であることが分かる．よって，ここは大胆に次のように評価する．

$$|P_{j'}v_i(x) - P_{j'}v_i(y)| \lesssim |x-y|\|\nabla v\|_{L^\infty}.$$

$P_{j'}$ に関しては，その積分核が L^1 ノルムで一様に評価ができることに注意する．よって

$$
\begin{aligned}
|K_1| &\lesssim \|\nabla v\|_{L^\infty} \sum_{|j-j'|\leq 3} 2^{j(d+1)} \int_{\mathbb{R}^d} (\partial_i \varphi_0)(2^j(x-y))|x-y|\Delta_{j'}\theta(y)dy \\
&= \|\nabla v\|_{L^\infty} \sum_{|j-j'|\leq 3} 2^{jd} \int_{\mathbb{R}^d} (\partial_i \varphi_0)(2^j(x-y))|2^j(x-y)|\Delta_{j'}\theta(y)dy
\end{aligned}
$$

が得られる．K_1 に L^2 ノルムを取ろう．すると積分は合成積になるので，合成積の評価が使え，j' が j 近くの有限和であることを勘案すると（すなわち $\Delta_j\theta \approx \Delta_{j'}\theta$），

$$\|K_1\|_{L^2} \lesssim \|\nabla v\|_{L^\infty} \sum_{|j-j'|\leq 3} \|(\partial_i \varphi_0)(x)|x|\|_{L_x^1} \|\Delta_{j'}\theta\|_{L^2}$$
$$\lesssim \|\nabla v\|_{L^\infty} \|\Delta_j \theta\|_{L^2}$$

が得られる．2^{2sj} をかけて j に関して和を取ると，この部分は定理の右辺の $\|\nabla v\|_{L^\infty}\|\theta\|_{\dot{H}^s}$ になる．

4.5　Euler 方程式の局所解の存在証明の続き

k に依存しない前出の近似方程式の解の存在時間 T を使って，次の順番で Euler 方程式の解の存在，及びそれが入る関数空間を精密化していく（初期値は常に H^s であることに注意）．

$C([0,T]:H^{s-1}) \to$ 空間方向が H^s で時間方向が弱連続 $\to C([0,T]:H^s)$.

- $C([0,T]:H^{s-1})$ に関しては，前出の近似方程式をそのまま使って $\sup_{0<t<T} \|u^k(t) - u^{k'}(t)\|_{H^{s-1}}$ $(k > k' \to \infty)$ が Cauchy 列になることを言えばよい．その極限関数が Euler 方程式の解となる．Majda-Bertozzi[38] では，一旦 $C([0,T]:L^2)$ で強収束することを示して，その後で Sobolev ノルムの補間定理を適用している．詳しい議論は [38, Theorem 3.4 (i)] の証明を参照．実際のところ，どちらのアイデアも本質的にはあまり差はない．

- "空間方向が H^s で時間方向が弱連続"に関しては，上で示した u の H^{s-1}-Cauchy 列と k に関する一様有界性 $\sup_k \sup_{t\in[0,T]} \|u^k(t)\|_{H^s} < \infty$ を使ってその弱連続性を示す（弱連続そのものに関しては，あとで詳述する）．これは [38, Theorem 3.4 (iii)] に対応している（本書では，その弱収束の概念を出来る限り詳しく説明した）．

- $C([0,T]:H^s)$ に関しては，Hilbert 空間の性質を使う．ここは [38, Theorem 3.5] の証明の "Case 1: $\nu = 0$"に対応している．

まずは Euler 方程式の解 u が存在し，それが $C([0,T]:H^{s-1})$ に入ることを示そう（この段階で，一意性も示すことができる）．なお $T = 1/(2C\|u_0\|_{H^s})$ ($C > 0$ は或る定数) であることは，前述のエネルギー型不等式ですでに示してある．$u^k \in C([0,T]:H^s)$ を以下の近似方程式

$$\partial_t u^k = -P_k P(u^k \cdot \nabla)P_k u^k$$

の解とする．また，$\sup_k \sup_{t\in[0,T]} \|u^k(t)\|_{H^s} \leq 2\|u_0\|_{H^s}$ が成立することはもうすでに示してある．まず，$k_1, k_2 > 0$ に依存するそれぞれの近似方程式の差に対して Littlewood-Paley 分解 Δ_j を施そう．

$$\partial_t \Delta_j(u^{k_1} - u^{k_2})$$

$$+ \Delta_j P_{k_1} \left((u^{k_1} \cdot \nabla) P_{k_1} u^{k_1} \right) - \Delta_j P_{k_2} \left((u^{k_2} \cdot \nabla) P_{k_2} u^{k_2} \right)$$

$$= -\Delta_j (\nabla p^{k_1} - \nabla p^{k_2}).$$

両辺に $\Delta_j(u^{k_1} - u^{k_2})$ をかけて $\mathbb{R}^d$ で積分を取ろう．その際，以下のように式を分解する．非常に記号が煩雑になってしまうが，注意深く見るとそこまで大した計算はしていない．$a_1 a_2 a_3 - b_1 b_2 b_3 = (a_1 - b_1) a_2 a_3 + (a_2 - b_2) b_1 a_3 + (a_3 - b_3) b_1 b_2$ といった類の計算をしているだけである．

$$\left(\Delta_j P_{k_2} (u^{k_2} \cdot \nabla) P_{k_2} u^{k_2} - \Delta_j P_{k_1} (u^{k_1} \cdot \nabla) P_{k_1} u^{k_1} \right) \cdot \Delta_j (u^{k_2} - u^{k_1})$$

$$= \Delta_j (P_{k_2} - P_{k_1}) \left(u^{k_2} \cdot \nabla \right) P_{k_2} u^{k_2} \cdot \Delta_j (u^{k_2} - u^{k_1})$$

$$+ \left(\Delta_j P_{k_1} ((u^{k_2} - u^{k_1}) \cdot \nabla) P_{k_2} u^{k_2} \right) \cdot \Delta_j (u^{k_2} - u^{k_1})$$

$$+ \left(\Delta_j P_{k_1} (u^{k_1} \cdot \nabla)(P_{k_2} - P_{k_1}) u^{k_2} \right) \cdot \Delta_j (u^{k_2} - u^{k_1})$$

$$+ \left(\Delta_j P_{k_1} (u^{k_1} \cdot \nabla)(P_{k_1}(u^{k_2} - u^{k_1})) \right) \cdot \Delta_j (u^{k_2} - u^{k_1})$$

$$=: R1 + R2 + R3 + R4.$$

$R1$, $R3$ に関しては前出の不等式（命題 4.4）

$$\| (P_k - P_{k'}) f \|_{H^s} \lesssim \max \{ 2^{k(s-s')}, 2^{k'(s-s')} \} \| f \|_{H^{s'}} \quad (s' > s)$$

を使う．そうすると評価式

$$\max \{ 2^{-2k_1(s-1)}, 2^{-2k_2(s-1)} \} \| u \|_{H^s}^2 \| u^{k_2} - u^{k_1} \|_{H^{s-1}}$$

に集約させることができる（ここでは $u = u^{k_1}$ or u^{k_2} である）．$R2$ と $R4$ に関しても同様の計算によって，評価式

$$\| u \|_{H^s} \| u^{k_2} - u^{k_1} \|_{H^{s-1}}^2$$

に集約させることができる．ここでは $R3$ のみ計算しておこう．

$$\| R3 \|_{L^1} \lesssim \| \Delta_j P_k (u^{k_1} \cdot \nabla)(P_{k_2} - P_{k_1}) u^{k_2} \|_{L^2} \| \Delta_j (u^{k_2} - u^{k_1}) \|_{L^2}$$

$$\lesssim \| u^{k_1} \|_{L^\infty} \| (P_{k_2} - P_{k_1}) u^{k_2} \|_{H^1} \| \Delta_j (u^{k_2} - u^{k_1}) \|_{L^2}$$

$$\lesssim \| u^{k_1} \|_{H^s} \| u^{k_2} \|_{H^s} \max \{ 2^{-(s-1)k_1}, 2^{-(s-1)k_2} \} \| \Delta_j (u^{k_2} - u^{k_1}) \|_{L^2}$$

が得られる．これはかなり荒っぽい評価ではあるが，-1 階微分の余裕があるため，そのようなことが可能となる．それらをまとめると，$t \in [0, T]$ に対して

$$\| (u^{k_1} - u^{k_2})(t) \|_{H^{s-1}}$$

$$\lesssim \int_0^t (\| u^{k_1}(\tau) \|_{H^s} + \| u^{k_2}(\tau) \|_{H^s}) \| (u^{k_1} - u^{k_2})(\tau) \|_{H^{s-1}} d\tau$$

$$+ \max \{ 2^{-(s-1)k_1}, 2^{-(s-1)k_2} \} \int_0^t \| u^{k_1}(\tau) \|_{H^s} \| u^{k_2}(\tau) \|_{H^s} d\tau$$

が成立する．$\| u^k(t) \|_{H^s}$ に関しては，k に依存しない評価がすでに得られているので，常微分方程式論で学ぶ Gronwall の不等式によって結局

$$\sup_{0 \le t \le T} \|(u^{k_1} - u^{k_2})(t)\|_{H^{s-1}} \to 0 \quad (k_1 > k_2 \to \infty)$$

が示せた．これは Cauchy 列になっているので，その極限関数が存在し，$\lim_{k \to \infty} u^k = u$ in $C([0, T] : H^{s-1})$ がその Euler 方程式の解である．一旦 Euler 方程式の解の存在が言えたなら，同様の議論を繰り返すことによって解の一意性も示すことができる．

4.6　弱連続性・弱収束など

　ここからの議論は，実際のところ，汎用性の高い関数解析的な洞察に突入する．具体的には，

$$\sup_{0 < t < T} \|u^k(t) - u^{k'}(t)\|_{H^{s-1}} \to 0 \quad (k > k' \to \infty),$$

$$\sup_k \sup_{t \in [0, T]} \|u^k(t)\|_{H^s} < \infty$$

を満たす時空間の連続関数列 $\{u(t, x)\}_k$ の極限関数が $C([0, T] : H^s)$ に入ることを示せ．

という問いに集約される．Parseval の等式を念頭に置きながら，内積を

$$\langle f, g \rangle_{H^s} := \int_{\mathbb{R}^d} (1 + |\xi|^2)^{s/2} \hat{f}(\xi)(1 + |\xi|^2)^{s/2} \overline{\hat{g}(\xi)} d\xi$$

と定義しよう．関数 $\hat{g}$ の上に取る bar は，複素数の共役を意味する．片一方のみに共役を取るのは，$\langle f, f \rangle = \|f\|_{H^s}^2$ となるようにしたいからである．任意の $\Psi \in H^s$ に対して

- $|\langle u(t), \Psi \rangle - \langle u(t+h), \Psi \rangle| \to 0 \quad (t \in (0, T), |h| \to 0)$,
- $|\langle u(0), \Psi \rangle - \langle u(h), \Psi \rangle| \to 0 \quad (h > 0, h \to 0)$

が成り立つことを示す（これを<u>弱連続</u>という）．この Ψ をテスト関数という．Hölder の不等式により，任意の $\delta \in \mathbb{R}$ に対して

$$|\langle f, g \rangle_{H^s}| \le \|f\|_{H^{s+\delta}} \|g\|_{H^{s-\delta}}$$

が成立する．ここからは，そのテスト関数をうまく構成していくことがカギとなる．まずは，テスト関数の Fourier 変換が階段関数になる場合を考えよう．ベクトル値の階段関数 $\hat{\Phi} = (\hat{\Phi}_1, \hat{\Phi}_2, \cdots, \hat{\Phi}_d)$ は，特性関数 χ を使って

$$\hat{\Phi}_i(\xi) = \sum_{h=1}^{N} q_{ih} \chi_A(\xi),$$
$$A = [a_{1ih}, b_{1ih}) \times [a_{2ih}, b_{2ih}) \times \cdots \times [a_{dih}, b_{dih}),$$
$$N \in \{1, 2, \cdots\}, \quad a_{1ih}, b_{1ih}, a_{2ih}, b_{2ih}, \cdots, a_{dih}, b_{dih}, q_{ih} \in \mathbb{R}$$

と定義される．極限関数 $\lim_{k \to \infty} u^k = u$ は $C([0, T] : H^{s-1}) \subset C([0, T] :$

L^2) に入り，かつ，任意の階段関数 $\hat{\Phi}$ に対して $\Phi^*(x) := \mathcal{F}_\xi^{-1}[(1+|\xi|^2)^s\hat{\Phi}(\xi)](x)$ は C^∞ 級かつ L^2 になることが分かる．

演習問題 4.1 Φ^* が C^∞ かつ L^2 になることを示せ．

よって任意の $t \in [0,T]$ に対して

$$\langle u(t), \Phi \rangle = \int_{\mathbb{R}^d} u(t,x)\Phi^*(x)dx \quad (\Phi = \mathcal{F}^{-1}[\hat{\Phi}])$$

の値は定まる．次に，この内積が k に対して連続になること，すなわち，階段関数 $\hat{\Phi}$ に対して

$$\langle u^k, \Phi \rangle \to \langle u, \Phi \rangle \quad (k \to \infty)$$

を満たすことを示す．実際のところ，上の"$k \to \infty$"という書き方は極めて不十分であり，かつ，階段関数も任意ではなく，高さと底面の位置，各辺の長さ全てを有理数に制限したものを扱う必要がある（具体的には「可分性」というものを本質的に使う．この点を今から詳しく述べる）．今からその階段関数 $\hat{\Phi}$ をより詳しく洞察しよう．ベクトル値の階段関数 $\hat{\Phi} = (\hat{\Phi}_1, \hat{\Phi}_2, \cdots, \hat{\Phi}_d)$ は

$$\hat{\Phi}_i(\xi) = \sum_{h=1}^N q_{ih}\chi_A(\xi),$$

$$A = [a_{1ih}, b_{1ih}) \times [a_{2ih}, b_{2ih}) \times \cdots \times [a_{dih}, b_{dih})$$

と書けることは前述の通りである．ここで，特性関数の一つ一つを

$$F_{ih} = \{q_{ih}, a_{1ih}, b_{1ih}, \cdots, a_{dih}, b_{dih}\} \in \mathbb{Q}^{2d+1}$$

と，その有理数列 F_{ih} を使って表現する．すると，階段関数 $\hat{\Phi}$ は次の $d \times N$ 行列によって表現されることになる．

$$\begin{pmatrix} F_{11} & F_{12} & \cdots & F_{1N} \\ F_{21} & F_{22} & \cdots & F_{2N} \\ \vdots & \vdots & \ddots & \vdots \\ F_{d1} & F_{d2} & \cdots & F_{dN} \end{pmatrix}$$

（N は任意に大きい自然数として取れることに注意する）．結局は，高々可算個の有理数で上の行列が表現されているので，その階段関数を改めて一列に並べ，その Fourier 逆変換を $\{\Phi^j\}_{j=1}^\infty$ と置くことができる．L^2 関数は C_c^∞ に対して稠密であり，かつ，C_c^∞ は階段関数列で近似できるので，$\{\Phi^j\}_j$ の構成方法を踏まえると，次が言える．任意の $\Psi \in H^s$ （すなわち $(1+|\xi|^2)^{s/2}\hat{\Psi}(\xi) \in L_\xi^2$） に対してそれに対応する階段関数列の部分列 $\{\Phi^{j(\ell)}\}_{\ell=1}^\infty$ が存在し，

$$\|\Phi^{j(\ell)} - \Psi\|_{H^s} \to 0 \quad (\ell \to \infty)$$

が成立する（いわゆる**可分性**である）．

高々可算無限個の階段関数に対して，収束部分列を取る（弱収束）．より具体的には次の通り．初めに，近似方程式の解 u^k における k を離散化しよう．すなわち $k = 1, 2, 3, \cdots$ とする．まずは任意に $t \in [0, T)$ を選び，それを固定する．一つ目のテスト関数 Φ^1 に対して，Hölder の不等式により

$$|\langle u^k(t), \Phi^1 \rangle| \leq \sup_{0 \leq t < T} \|u^k(t)\|_{H^s} \|\Phi^1\|_{H^s} \leq 2\|u_0\|_{H^s} \|\Phi^1\|_{H^s}$$

が得られる．左辺を k に依存しない定数で評価することが出来たので，微分積分学で学ぶ Bolzano-Weierstrass の定理により，

$$\lim_{\ell_1 \to \infty} \langle u^{k(\ell_1)}(t), \Phi^1 \rangle = C_1 \in \mathbb{R} \quad (\ell_1 = 1, 2, \cdots)$$

と収束するように k の部分列 $k(\ell_1)$ を取ることができる．少々ややこしいので，具体例によってこの様子を見てみよう．例えば，$k(1) = 1$, $k(2) = 3$, $k(3) = 6$, $k(4) = 9$, $k(5) = 12$, $\cdots$ と取れたと仮定しよう．同様に，Hölder の不等式により

$$\lim_{\ell_2 \to \infty} \langle u^{k(\ell_1(\ell_2))}(t), \Phi^2 \rangle = C_2 \in \mathbb{R} \quad (\ell_2 = 1, 2, \cdots, k(1) < k(\ell_1(1)))$$

と収束するように $k(\ell_1)$ の部分列 $k(\ell_1(\ell_2))$ を取ることができる（いわゆる対角線論法の一種）．上の具体例に対しては，例えば $\ell_1(1) = 2$, $\ell_1(2) = 4, \cdots$，すなわち $k(\ell_1(1)) = 3$, $k(\ell_1(2)) = 9$, $\cdots$ と取れたと仮定しよう．同様に

$$\lim_{\ell_3 \to \infty} \langle u^{k(\ell_1(\ell_2(\ell_3)))}(t), \Phi^3 \rangle = C_3 \in \mathbb{R}$$

$$(\ell_3 = 1, 2, \cdots, k(\ell_1(1)) < k(\ell_1(\ell_2(1))))$$

と収束するように $k(\ell_1(\ell_2))$ の部分列 $k(\ell_1(\ell_2(\ell_3)))$ を取ることができる．上の具体例に対しては，例えば $k(\ell_1(\ell_2(1))) = 9$, $\cdots$ と取れたと仮定しよう．これを繰り返すと，

$$\langle u^{K(\ell)}(t), \Phi^j \rangle \to C_j \in \mathbb{R} \quad (\ell \to \infty)$$

を満たす（j に依存しない）部分列 $\{K(\ell)\}_{\ell=1}^{\infty}$ が取れる．具体的には，$K(1) = k(1)$, $K(2) = k(\ell_1(1))$, $K(3) = k(\ell_1(\ell_2(1))), \cdots$ と取ればよい．上の具体例に関しては $K(1) = 1$, $K(2) = 3$, $K(3) = 9, \cdots$ となる．

　よって，その関数列 $\{u^{K(\ell)}\}_\ell$ において，任意の j に対して

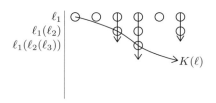

図 4.4　部分列の取り方のイメージ．

$$\langle u^{K(\ell)}(t), \Phi^j \rangle \to \langle u(t), \Phi^j \rangle \quad (\ell \to \infty)$$

が言えた．この右の極限値は一意に定まる．（もし二つの値が出てきたと仮定すると，恒等的にゼロの関数の積分がゼロではなくなり，直ちに矛盾する）．上で示した収束性を，テスト関数が H^s の場合へと拡張しよう．任意の $\Psi \in H^s$ に対してそれに対応する部分列 $\{\Phi^{j(\tilde{\ell})}\}_{\tilde{\ell}=1}^{\infty}$ が存在し，

$$\|\Phi^{j(\tilde{\ell})} - \Psi\|_{H^s} \to 0 \quad (\tilde{\ell} \to \infty)$$

が成立するので，任意の $\epsilon > 0$ に対してある $\tilde{L}$ が存在し，任意の $\tilde{\ell}, \tilde{\ell}' > \tilde{L}$ に対して

$$\left| \langle u^{K(\ell)}(t), \Phi^{j(\tilde{\ell})} - \Phi^{j(\tilde{\ell}')} \rangle \right| \le \sup_{0 < t < T} \|u^{K(\ell)}(t)\|_{H^s} \|\Phi^{j(\tilde{\ell})} - \Phi^{j(\tilde{\ell}')}\|_{H^s}$$

$$\le 2\|u_0\|_{H^s} \|\Phi^{j(\tilde{\ell})} - \Phi^{j(\tilde{\ell}')}\|_{H^s} < \epsilon$$

が ℓ に依存しない形で成立する．一方で，或る L が存在し，任意の $\ell > L$ に対して

$$\left| \langle u(t) - u^{K(\ell)}(t), \Phi^{j(\tilde{\ell})} - \Phi^{j(\tilde{\ell}')} \rangle \right|$$

$$\le \left| \langle u(t) - u^{K(\ell)}(t), \Phi^{j(\tilde{\ell})} \rangle \right| + \left| \langle u(t) - u^{K(\ell)}(t), \Phi^{j(\tilde{\ell}')} \rangle \right| < \epsilon$$

が成立する．これらを組み合わせると，任意の $\Psi \in H^s$ に対して

$$\lim_{\ell \to \infty} \langle u^{K(\ell)}(t), \Psi \rangle = \lim_{\ell \to \infty} \langle u(t), \Phi^{j(\tilde{\ell})} \rangle = \langle u(t), \Psi \rangle \in \mathbb{R}$$

とあらかじめ導いていた値 $\langle u(t), \Psi \rangle$ へ一意に収束する（一意に収束しないとすると，ただちに矛盾する）．次に，その $\langle u(t), \Psi \rangle$ が時間 t に関して**弱連続**であることを示そう．ここでは簡単のため，初期時刻に対する弱連続性を示す．任意の $\Psi \in H^s$ に対して，稠密性により $\|\Psi^j - \Psi\|_{H^s} \to 0 \ (j \to \infty)$ となる関数列 $\{\Psi^j\}_j \subset C_c^{\infty}$ が存在する．ここは丁寧に議論を展開したいので，ϵ-δ 論法に準拠する．任意の $\epsilon > 0$ に対してある $j \ge 1$ が存在して

$$\|\Psi^j - \Psi\|_{H^s} < \frac{\epsilon}{6\|u_0\|_{H^s}}$$

とできる．この Ψ^j に対して

$$|\langle u(t) - u_0, \Psi^j \rangle_{H^s}| \le |\langle u(t) - u^k(t), \Psi^j \rangle_{H^s}| + |\langle u^k - u_0, \Psi^j \rangle_{H^s}|$$

$$\le \sup_{0 < t < T} \|u(t) - u^k(t)\|_{H^{s-1}} \|\Psi^j\|_{H^{s+1}} + \|u^k(t) - u_0\|_{H^s} \|\Psi^j\|_{H^s}$$

が得られるので，前に示した関数列 $\{u^k\}_k$ の $\sup_{0 < t < T} \|\cdot\|_{H^{s-1}}$ という時空間ノルムの収束性により，或る k が存在し，

$$\sup_{0 < t < T} \|u(t) - u^k(t)\|_{H^{s-1}} < \epsilon/(4\|\Psi^j\|_{H^{s+1}})$$

が成立し，また，k に依存する或る $\bar{t}(k) < T$ が存在し，任意の $t < \bar{t}(k)$ に対して

$$\|u^k(t) - u_0\|_{H^s} \leq \epsilon / (4\|\Psi^j\|_{H^s})$$

が成立する（近似方程式の解 u^k の時間連続性）．よって，結局のところ，次が言える．任意の $\epsilon > 0$ に対して，或る j と或る $\bar{t} < T$ が存在し，任意の $t < \bar{t}$ に対して

$$\begin{aligned}
|\langle u(t) - u_0, \Psi \rangle| &\leq |\langle u(t) - u_0, \Psi - \Psi^j \rangle| + |\langle u(t) - u_0, \Psi^j \rangle| \\
&\leq (\|u(t)\|_{H^s} + \|u_0\|_{H^s})\|\Psi - \Psi^j\|_{H^s} + |\langle u(t) - u_0, \Psi^j \rangle| \\
&\leq 3\|u_0\|_{H^s}\|\Psi - \Psi^j\|_{H^s} + |\langle u(t) - u_0, \Psi^j \rangle| < \frac{\epsilon}{2} + \frac{\epsilon}{2} = \epsilon
\end{aligned}$$

が成立する．これは弱連続性を示したことに他ならない．次に $\lim_{t \to 0} \|u(t)\|_{H^s} = \|u_0\|_{H^s}$ を示そう．これは弱連続が強連続になることを示す際に必要である．近似方程式の解 u^k に対して

$$\|u^k(t)\|_{H^s} \leq \frac{\|u_0\|_{H^s}}{1 - C\|u_0\|_{H^s}t}$$

が成立することがすでに示されているので，弱形式 $\langle u(t), \Psi \rangle = \lim_{k \to \infty} \langle u^k(t), \Psi \rangle$ に $\Psi = u(t) \in H^s$ を代入する（なお，ここでの $k \to \infty$ は，前述の部分列である）．

$$\|u(t)\|_{H^s}^2 = \lim_{k \to 0} \langle u^k(t), u(t) \rangle \leq \sup_k \|u^k(t)\|_{H^s}\|u(t)\|_{H^s} \leq \frac{\|u_0\|_{H^s}\|u(t)\|_{H^s}}{1 - C\|u_0\|_{H^s}t}$$

が成立し，よって $\limsup_{t \to 0} \|u(t)\|_{H^s} \leq \|u_0\|$ が言えた．次に

$$\|u_0\|_{H^s} \leq \liminf_{t \to 0} \|u(t)\|_{H^s}$$

を示そう．既に示した弱連続性から $\langle u(t) - u_0, \Psi \rangle = \epsilon(t)$, $\epsilon(t) \to 0$ $(t \to 0)$ と表現できるので，

$$\langle u_0, \Psi \rangle_{H^s} = \langle u(t), \Psi \rangle_{H^s} - \epsilon(t)$$

と式変形できる．テスト関数として（$\limsup$ のときとは逆に）$\Psi = u_0 \in H^s$ を放り込もう．すると，Hölder の不等式により（定数は 1）

$$\|u_0\|_{H^s}^2 \leq |\langle u(t), u_0 \rangle_{H^s}| + |\epsilon(t)| \leq \|u(t)\|_{H^s}\|u_0\|_{H^s} + |\epsilon(t)|$$

が得られるので，結局

$$\|u_0\|_{H^s} \leq \liminf_{t \to 0} \|u(t)\|_{H^s}$$

が導かれた．$\limsup$ の評価と組み合わせることで，最終的に

$$\lim_{t \to 0} \|u(t)\|_{H^s} = \|u_0\|_{H^s}$$

が得られた. 最後に, この弱連続が実は強連続であることを言いたい. H^s は Hilbert 空間なので,

$$\|u(t) - u_0\|_{H^s}^2 = \|u(t)\|_{H^s}^2 - 2\langle u(t), u_0 \rangle_{H^s} + \|u_0\|_{H^s}^2$$

と展開できる. 弱連続性 $\langle u(t), u_0 \rangle_{H^s} \to \langle u_0, u_0 \rangle_{H^s} = \|u_0\|_{H^s}^2 \ (t \to 0)$ と $\|u(t)\|_{H^s} \to \|u_0\|_{H^s} \ (t \to 0)$ により, 初期時刻における強連続性 $\|u(t) - u_0\|_{H^s} \to 0 \ (t \to 0)$ が得られた. 各 $t_0 \in (0, T)$ に対する連続性に関しては, $u(t_0)$ を改めて初期値とみなして上と全く同様の議論を展開させればよい. なお, 上の議論は右側連続性しか示していないが, 左側連続性に関しても, 時間逆方向の Euler 方程式を使うことで同様に示すことができる. これによって Euler 方程式の解 u が $C([0, T]; H^s)$ に入ることが示された.

補足 4.10 時間逆方向の Euler 方程式は, 以下のようにして得ることが出来る. まず, $u(\tau, x)$ に対して作用素 S_t を $S_t u := u(t - \tau, x)$ と定義する (t は固定されており, 時間変数は τ とする). このとき, $S_t \partial_\tau u = -\partial_\tau S_t u$ が成立することを勘案すると, 以下の "時間逆方向の Euler 方程式" が得られる:

$$\partial_\tau (S_t u) - (S_t u \cdot \nabla) S_t u - \nabla(S_t p) = 0, \quad \nabla \cdot S_t u = 0, \quad S_t u|_{\tau=0} = u(t, x).$$

$S_t u$ に対する解の一意存在定理に関しては, 通常の Euler 方程式の場合と全く同じなので省略する.

第5章

2次元 Euler 方程式の時間大域解の存在と非適切性

前節では，subcritical な Sobolev 空間において，Euler 方程式の時間局所解が一意存在することを示した．この章では，2次元に限定し，subcritical な Sobolev 空間における時間大域解を示し，critical な Sobolev 空間ではノルム・インフレーション（すなわち非適切性）が起きることを示す．まずは，全空間上の 2 次元 **Euler 方程式**を以下に再掲しよう．

$$\partial_t u + (u \cdot \nabla)u + \nabla p = 0, \qquad t \geq 0, x \in \mathbb{R}^2, \tag{5.1}$$

$$\nabla \cdot u = 0, \quad u(0) = u_0. \tag{5.2}$$

$u = u(t, x)$ は速度場で $p = p(t, x)$ は圧力である．

5.1　2次元 Euler 方程式の解の振る舞いを調べるための準備

以下では渦度を使って議論を進めたい（実は，渦度方程式自体は，第 2 章ですでに扱われている）．$\mathbb{R}^2$ における**渦度** ω は u を使って

$$\omega = \operatorname{rot} u = -\frac{\partial u_1}{\partial x_2} + \frac{\partial u_2}{\partial x_1}$$

と定義される．rot を Euler 方程式の両辺に施すことで，Euler 方程式は

$$\partial_t \omega + (u \cdot \nabla)\omega = 0, \qquad t \geq 0, \ x \in \mathbb{R}^2, \tag{5.3}$$

$$\omega(0) = \omega_0 \tag{5.4}$$

と書き換えられる．これを**渦度方程式**という．速度場 u は ω を使って以下のように表現できる（象徴的に $\nabla^\perp \Delta^{-1} \omega$ と書くこともある）．

$$u_1(t, x) = \frac{1}{2\pi} \int_{\mathbb{R}^2} \frac{-y_2}{|y|^2} \omega(t, x - y) dy, \ u_2(t, x) = \frac{1}{2\pi} \int_{\mathbb{R}^2} \frac{y_1}{|y|^2} \omega(t, x - y) dy. \tag{5.5}$$

積分の特異点が原点 $(y = 0)$ に存在するので，厳密には広義積分の定義で表現

される．すなわち

$$u(t,x) = \frac{1}{2\pi} \lim_{\epsilon \to 0} \int_{|y|>\epsilon} \frac{(-y_2, y_1)}{|y|^2} \omega(t, x-y) dy \tag{5.6}$$

と表現される．これを **Biot-Savart law**（ビオ・サバールの法則）という．Navier-Stokes 方程式と渦度方程式，Biot-Savart law との詳しい関連については Giga-Giga[15] の第 2 章を参照のこと.

演習問題 5.1 上の速度場 u を使って $-\partial_{x_1} u_2 + \partial_{x_2} u_1 = \omega$ となることを示せ.

次に，解の振る舞いを調べるための基礎概念である Lagrangian flow を定義し，その諸性質を調べよう．まず，実数値スカラー関数 $f(x)$, $g(x)$ に対して，合成関数を $f \circ g := f(g(x))$ と定義する（実際のところ，f がベクトル値関数の場合も同様に定義される）.

定義 5.1 Lagrangian flow $\eta : \mathbb{R}^2 \to \mathbb{R}^2$ とは，次の ODE を満たす解 $\eta(t,x)$ のことである.

$$\frac{d}{dt}\eta(t,x) = u(t, \eta(t,x)) = u \circ \eta \quad (t > 0), \quad \eta(0,x) = x.$$

なお，$u : [0,\infty) \times \mathbb{R}^2 \to \mathbb{R}^2$ は，任意の $T > 0$ と任意の $k, \ell \in \{0, 1, 2, \cdots\}$ に対して $\sup_{t \in [0,T]} \sup_{x \in \mathbb{R}^2} |\partial_t^k \partial_x^\ell u(t,x)| < \infty$ を満たすものとする．常微分方程式論で学ぶ解の存在定理により，各 x に対して解 $\eta(t) \in C^\infty([0,\infty))$ は一意に存在する．渦度方程式と合成関数の微分により，

$$\partial_t(\omega \circ \eta) = (\partial_t \omega) \circ \eta + \partial_t \eta \cdot (\nabla \omega \circ \eta) = ((\partial_t \omega + (u \cdot \nabla)\omega) \circ \eta = 0$$

が得られる．さらに $\omega \circ \eta \to \omega_0$ $(t \to 0)$ なので,

$$\omega \circ \eta = \omega(t, \eta(t,x)) = \omega_0(x)$$

が導かれる（渦度が流体粒子に凍結している）．ここで **Lagrangian deformation** $D\eta$ を次のように定義する：

$$D\eta := \begin{pmatrix} \partial_1 \eta_1 & \partial_2 \eta_1 \\ \partial_1 \eta_2 & \partial_2 \eta_2 \end{pmatrix}.$$

$D\eta$ が次の ODE を満たすことはすぐに分かる.

$$\frac{d}{dt}D\eta(t,x) = \begin{pmatrix} \partial_1 u_1 \circ \eta(t,x) & \partial_2 u_1 \circ \eta(t,x) \\ \partial_1 u_2 \circ \eta(t,x) & \partial_2 u_2 \circ \eta(t,x) \end{pmatrix} D\eta(t,x),$$

$$D\eta(0,x) = \begin{pmatrix} 1 & 0 \\ 0 & 1 \end{pmatrix}. \tag{5.7}$$

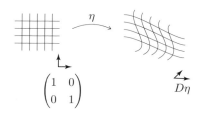

図 5.1　$D\eta$.

$\partial_i u_j \circ \eta$ は既知関数なので，$D\eta$ に対する解の存在と一意性を同様に示すことができる．$D^k\eta$ $(k = 2, 3, \cdots)$ (tensor) の場合も同様である．また，$D\eta$ のヤコビアンは

$$\det D\eta := \partial_1 \eta_1 \partial_2 \eta_2 - \partial_2 \eta_1 \partial_1 \eta_2$$

と表される．

演習問題 5.2　$\det D\eta \equiv 1$ を示せ．

よって逆行列 $(D\eta)^{-1}$ は次のように表現される．

$$(D\eta)^{-1} = \begin{pmatrix} \partial_2 \eta_2 & -\partial_2 \eta_1 \\ -\partial_1 \eta_2 & \partial_1 \eta_1 \end{pmatrix}.$$

ここで，η に対する逆元 η^{-1} を求めよう．すなわち，各 η に対して

$$\eta \circ \eta^{-1} = \eta^{-1} \circ \eta = e$$

を満たす η^{-1} が一意存在することを示す．なお，単位元を e と定義する．より具体的には，任意の $x \in \mathbb{R}^2$ と任意の $t \in [0, \infty)$ に対して $\eta(t, \eta^{-1}(t, x)) = \eta^{-1}(t, \eta(t, x)) = x$ を満たす逆元 $\eta^{-1} \in C^\infty([0, \infty) \times \mathbb{R}^2)$ の一意存在を示す．まず，$\eta \circ \eta^{-1} = e$ から

$$\partial_t(\eta \circ \eta^{-1}) = \partial_t \eta \circ \eta^{-1} + (D\eta) \circ \eta^{-1} \partial_t \eta^{-1} = 0,$$

なので，次の ODE が得られる．

$$\partial_t \eta^{-1} = -((D\eta)^{-1}(u \circ \eta)) \circ \eta^{-1}. \tag{5.8}$$

補足 5.2　ここで得られた ODE を，Fukaya[12] の第 2 章にある「ベクトル場の変数変換」と比較されたい．

既知関数 $((D\eta)^{-1}(u \circ \eta))$ は時空間で滑らか，かつ有界なので，ODE の解の存在定理により η^{-1} も一意に存在する．$\eta^{-1} \circ \eta = e$ の成立に関しては，次の ODE を再度解けばよい：

$$\partial_t \eta^* = -((D\eta^{-1})^{-1}(\partial_t \eta^{-1})) \circ \eta^*. \tag{5.9}$$

η^* は $\eta^{-1} \circ \eta^* = e$ を満たす未知関数である．再び，既知関数 $(D\eta^{-1})^{-1}(\partial_t \eta^{-1})$ は時空間で滑らか，かつ有界なので，ODE の解の存在定理により η^* も一意に存在する．$\eta^* = \eta$ をチェックしないといけないが，これは次の計算で簡単に示される：

$$\eta = \eta \circ e = \eta \circ \eta^{-1} \circ \eta^* = e \circ \eta^* = \eta^*.$$

最後に，逆元の Lagrangian deformation $D\eta^{-1}$ を求めよう．$\eta^{-1} \circ \eta = \eta \circ \eta^{-1} = e$ より $(D\eta) \circ \eta^{-1}(D\eta^{-1}) = \begin{pmatrix} 1 & 0 \\ 0 & 1 \end{pmatrix}$ なので，よって $D\eta^{-1} = (D\eta)^{-1} \circ \eta^{-1}$ が得られた．

補足 5.3 3 次元の場合も Lagrangian deformation $D\eta$ を適切に定義することが出来る．詳細は省くが，この場合の渦度は，$\omega(t, \eta(t,x)) = D\eta(x)\omega_0(x)$ と表現される．すなわち

$$\omega = (D\eta\omega_0) \circ \eta^{-1} \tag{5.10}$$

と表現される．2 次元の場合と違って右辺は $D\eta\omega_0$ となっているが，これが **vortex stretching term** と言われる項である（第 2 章の補足 2.11 でも出てきた vortex stretching term と本質的に同じである）．3 次元においては渦度はベクトルになるが，ここでは縦ベクトルとみなしている．この **vortex stretching term** が，**3 次元 Navier-Stokes 方程式・Euler 方程式の数学解析を難しくしている主な要因である**．なお，上の表現式 (5.10) は，Lie 群，Lie 代数の随伴表現に関連していることは特筆に値する（例えば Misiołek-Preston[39] の Proposition 2.5 を参照．より一般的な視点からの随伴表現に関しては，例えば [8] の定義 5.51 を参照のこと）．

次の典型的なモデルを見ることで「如何にして渦を引き延ばしてその渦度を強めているのか」をある程度理解することができる．本来は，η は ω_0 に依存するが，ここでは簡単のため，依存しない場合（passive transport）を考えよう（Eyink[21, 22] を参照のこと）．定数 $R > 0$, $\sigma > 0$ に対して $\eta(t,x) = (e^{-\frac{\sigma t}{2}} x_1, e^{-\frac{\sigma t}{2}} x_2, e^{\sigma t} x_3)$ と置き，$r = \sqrt{x_1^2 + x_2^2}$ に対して

$$\omega_0(x) = \begin{pmatrix} 0 \\ 0 \\ 1 \end{pmatrix} \chi_R(r) + \begin{pmatrix} 0 \\ 0 \\ 1 \end{pmatrix} \left(\frac{R}{r}\right)^2 (1 - \chi_R(r))$$

と置く（大雑把に言うと，η が大スケールの流体運動，ω_0 が小スケールの渦を表す）．なお

$$\chi_R(r) = \begin{cases} 1, & r \leq R, \\ 0, & r > R \end{cases}$$

とする．このとき，直接計算により

$$\omega(t, \eta(t,x)) = e^{t\sigma} \omega_0(x)$$

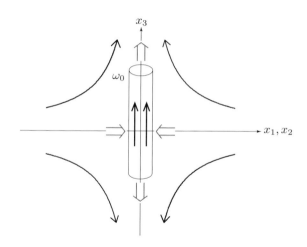

図 5.2　vortex stretching のイメージ.　⇈ は渦度ベクトルの方向.

が得られ, $e^{t\sigma}$ によって渦度が強められていることが分かる. 第 6 章では, この上の大スケールと小スケールの設定が乱流の素過程であるとみなし, スケール間のエネルギーの移動の計算に使われる (「素過程」とは, 基本となる渦の主要な振る舞い, である).

速度場が $(x_1, -x_2)$ や $(x_2, -x_1)$ の場合は典型的な 2 次元 Euler 方程式の解である. まずは, それらの流体運動を詳しく見てみよう. 一つ目の解に対する Lagrangian flow の式は

$$\partial_t \eta_1 = \eta_1, \quad \partial_t \eta_2 = -\eta_2$$

と表現され, 常微分方程式の解法により, $\eta_1 = e^t x_1$, $\eta_2 = e^{-t} x_2$ が得られる. もう一方は

$$\partial_t \eta_1 = \eta_2, \quad \partial_t \eta_2 = -\eta_1$$

と表現され, $\eta = R_t x$ が得られる. R_t は回転行列で

$$R_t = \begin{pmatrix} \cos t & \sin t \\ -\sin t & \cos t \end{pmatrix}$$

と定義される. 次に, その Lagrangian flow の周りの流体粒子の塊の振る舞い, すなわち Lagrangian deformation $D\eta$ の振る舞いを見てみよう. Lagrangian flow $\partial_t \eta = u \circ \eta$ を x 変数で両辺微分を行う. すると次が得られる ((5.7) の再掲).

$$\frac{d}{dt} D\eta(t, x) = \begin{pmatrix} \partial_1 u_1 \circ \eta(t, x) & \partial_2 u_1 \circ \eta(t, x) \\ \partial_1 u_2 \circ \eta(t, x) & \partial_2 u_2 \circ \eta(t, x) \end{pmatrix} D\eta(t, x),$$

$$D\eta(0, x) = \begin{pmatrix} 1 & 0 \\ 0 & 1 \end{pmatrix}. \tag{5.11}$$

5.1　2 次元 Euler 方程式の解の振る舞いを調べるための準備　**61**

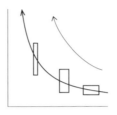

図 5.3 (5.13) のイメージ.

ここで先ほどの 2 例を考えてみる. 一つ目の例では,

$$\frac{d}{dt}D\eta(t,x) = \begin{pmatrix} 1 & 0 \\ 0 & -1 \end{pmatrix} D\eta(t,x) \tag{5.12}$$

と表現されるので, 従って解が

$$D\eta(t,x) = \begin{pmatrix} e^{t} & 0 \\ 0 & e^{-t} \end{pmatrix} \tag{5.13}$$

と導かれる. 二つ目の例では,

$$\frac{d}{dt}D\eta(t,x) = \begin{pmatrix} 0 & 1 \\ -1 & 0 \end{pmatrix} D\eta(t,x)$$

と表現されるので, 従って解が

$$D\eta(t,x) = \begin{pmatrix} \cos t & -\sin t \\ \sin t & \cos t \end{pmatrix} \tag{5.14}$$

と導かれる.

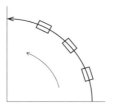

図 5.4 (5.14) のイメージ.

　一般の流体運動は, 大胆に言うと, この上の二つの振る舞いの組み合わせである（次節の補足 **5.16** で登場する **rate-of-strain tensor** と **rotation tensor** がそれに対応する）. さらに, これら (5.13) と (5.14) が **Lie 群** (**Kobayashi-Oshima[8]** の **(5.3)** と **(5.4)** を参照) に対応することも, 特筆に値する. なお, 一般の **Euler** 方程式の解 $u(t)$ に対しては,

$$D\eta(t) = \exp\left(\int_0^t (A(t') \circ \eta(t'))dt'\right), \quad A(t) = \begin{pmatrix} \partial_1 u_1(t) & \partial_2 u_2(t) \\ \partial_1 u_2(t) & \partial_2 u_2(t) \end{pmatrix}$$

と表現される（見やすくするため，空間変数を省略した）．非常に強い非線形性が感じられよう．次々節から登場する非適切性も，大胆に言うと，その二つの振る舞い (5.13) と (5.14) に非線形相互作用が複雑に絡み合っている流れ場だと思ってよい（その非線形相互作用をどのように細かく分解し，ノルム評価をしているかに焦点を当てて次々節を読み進めるとよいだろう）．

5.2 subcritical な Sobolev 空間における 2 次元 Euler 方程式の時間大域解

この節では，2 次元渦度方程式の解が時間大域的に存在することを示そう．より具体的には，H^s $(s > 1)$ における 2 次元渦度方程式の時間局所解 ω が時間大域解へ延長可能であることを示す．なお，渦度の定義で微分を一回分すでに消費しているので，速度場 u のときとは違い，$s > 1$ となる．以下の議論はKato [30] に基づいている．実際は，この 2 次元時間大域解の存在定理に関しては，Wolibner や Yudovich などが有名だが，詳細はここでは省略する（[4]を参照のこと）．

定理 5.4 任意の $s > 1$ と任意の $\omega_0 \in H^s(\mathbb{R}^2)$ に対して，渦度方程式の時間大域的一意解 ω が，以下の関数クラスの中に存在する．

$$\omega \in C([0,\infty) : H^s(\mathbb{R}^2)).$$

そして，その解の H^s-ノルムは，時間発展に対して高々 2 重指数増大である．

補足 5.5 Euler 方程式を直接ノルム評価することにより

$$\|\partial_t u\|_{H^{s-1}} \lesssim \|u\|_{H^{s-1}}\|\nabla u\|_{L^\infty} + \|u\|_{L^\infty}\|\nabla u\|_{H^{s-1}} \lesssim \|u\|_{H^s}$$

が得られ，従って，もし $u \in C([0,\infty) : H^s)$ （u は速度場なので $s > 2$）がEuler 方程式の解なら

$$u \in C^1([0,\infty) : H^{s-1})$$

が成立することが分かる．同様の議論を $\partial_t^k u$ $(k = 2, 3, \cdots)$ に対して繰り返すと，結局のところ，もし初期値が滑らか（すなわち，任意の $s > 0$ に対して$u_0 \in H^s$）なら

$$u \in C^\infty([0,\infty) \times \mathbb{R}^3)$$

が成立することも分かる．次節の非適切性では，一貫して，このような滑らかな解に対して洞察を進めていると思ってよい．

補足 5.6 補足 2.9 でも指摘したとおり，2 次元 Navier-Stokes 方程式の解は $t \to \infty$ に対してゼロへ減衰するが，2 次元 Euler 方程式の場合はゼロへは減衰せず，渦度の勾配が 2 重指数増大する解が存在することが 2014 年に Kiselev-Šverák[32] によって示された．そのような解も，次節の非適切性の証明で使われる "双曲型流れ＋小スケールの渦" と同様の構成となっている（ただ，彼らの証明では境界を本質的に使っている）．

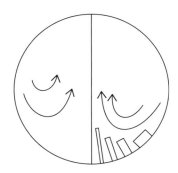

図 5.5　Kiselev-Šverák[32] の解の振る舞いの図（長方形は渦度）．

Kiselev-Šverák の洞察では，大スケールが小スケールに与える影響だけではなく，小スケールが小スケールそれ自身に影響する "self-interaction" が考慮に入れられており，その点が画期的である（そのような self-interation を洞察している論文として，Kida[31] も挙げておきたい）．

証明　第 2 章の時と同様，渦度のエネルギー型評価を導くことがカギとなる．まずは，前章で示した Commutator estimate により，$s > d/2 + 1 = 2$ に対して，ある定数 $C > 0$ があって

$$\left(\sum_{j \in \mathbb{Z}} 2^{2sj} \| \Delta_j (v \cdot \nabla) v - (v \cdot \nabla) \Delta_j v \|_{L^2}^2 \right)^{1/2} \leq C \| \nabla v \|_{L^\infty} \| v \|_{\dot{H}^s}$$

が成立する．前章と同様の式変形により

$$\frac{1}{2} \frac{d}{dt} \| u(t) \|_{H^s} \lesssim \| \nabla u(t) \|_{L^\infty} \| u(t) \|_{H^s}$$

が得られる．$\| \nabla u(t) \|_{L^\infty}$ に対して前節では Sobolev の埋め込み定理をそのまま適用したが，ここで，より精密な不等式（**対数型の Sobolev の不等式**）を構成し，それを適用する．まず，速度場を再掲しよう．

$$u(t, x) = \frac{1}{2\pi} \lim_{\epsilon \to 0} \int_{|y| > \epsilon} \frac{(-y_2, y_1)}{|y|^2} \omega(t, x - y) dy$$

なので，従って

$$\nabla_x u(t,x) = \frac{1}{2\pi} \lim_{\epsilon \to 0} \int_{|y| > \epsilon} \frac{(-y_2, y_1)}{|y|^2} \nabla_x \omega(t, x-y) dy$$

が得られる．この表現公式を使って $\|\nabla u\|_{L^\infty}$ をより精密に評価しよう．具体的には，積分核を幾つかの場合に分け，それぞれに対して評価を進める．$K(x) = x_i/|x|^2$ と置くと，

$$|K(x)| \lesssim |x|^{-1}, \quad |\nabla K(x)| \lesssim |x|^{-2}$$

と評価ができることはすぐにわかる．積分核を特異点付近 K_1 と減衰部分 K_2 の二つに分解する．特に

$$K_2(x) = \begin{cases} 0, & \epsilon < |x| \le r \\ \dfrac{x_i}{|x|} \dfrac{2(|x|-r)}{(2r)^2}, & r < |x| \le 2r \\ \dfrac{x_i}{|x|^2}, & |x| > 2r \end{cases}$$

と定義し，$K_1(x) = K(x) - K_2(x)$ と K_1 を定義する．

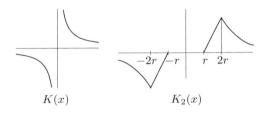

図 5.6 K と K_2 のイメージ．

すると，r に依存しない定数 $C > 0$ が存在し，$\operatorname{supp} K_1 \subset \{x : |x| < 2r\}$，$|K_1(x)| \le C|x|^{-1}, |\nabla K_2(x)| \le C|x|^{-2}$ となることが分かる．K_1 の部分に関しては，スケール変換と Hölder の不等式より

$$\|K_1 * \nabla \omega\|_{L^\infty} \le C_p r^{1-2/p} \|\nabla \omega\|_{L^p} \quad \text{for} \quad p > 2$$

と評価ができる（$*$ は合成積であることを思い出そう）．

演習問題 5.3 $\|K_1\|_{L^{p'}} \lesssim r^{1-2/p}$ $(1 = 1/p + 1/p')$ を示せ．

K_2 に関しては，さらに積分領域を $\{x : |x| > 1\}$ と $\{x : r < |x| < 1\}$，$\{x : \epsilon < |x| < r\}$ に分解する．三つ目の積分領域に関して，その積分値がゼロになることは明らかである．二つ目の積分領域に対して $\|\nabla K_2\|_{L^1} \lesssim \log(1/r)$ と評価が出来る．一つ目の積分領域に対しては，素直に Young の不等式を適用することにより $\|\omega\|_{L^2}$ で評価ができる．これらを合わせると，評価式

$$\|\nabla u\|_{L^\infty} \le C\|\omega\|_{L^\infty} \log(1/r) + C\|\omega\|_{L^2} + C_p r^{1-2/p} \|\nabla \omega\|_{L^p}$$

が得られる．r が大きい場合にも式が成立するようにしたいので，ここでは不等式 $\log(1/r) \leq \log(1 + 1/r)$ を挟み込む．そして，r として $r^{1+2/p}\|\nabla\omega\|_{L^p} = \|\omega\|_{L^\infty}$ を満たすものを取る．すると p に依存する或る定数 C_p が存在して $\log(1 + 1/r) = C_p \log(1 + \|\nabla\omega\|_{L^p}/\|\omega\|_{L^\infty})$ が成立し，従って，$p > 2$ に対して以下の不等式が成立する．

$$\|\nabla u\|_{L^\infty} \leq C\|\omega\|_{L^\infty} + C\|\omega\|_{L^2} + C_p\|\omega\|_{L^\infty} \log\left(1 + \frac{\|\nabla\omega\|_{L^p}}{\|\omega\|_{L^\infty}}\right). \quad (5.15)$$

補足 5.7 $p = 4$ の場合は次節で使う．

ここで $\|\nabla\omega\|_{L^p} \lesssim \|\omega\|_{H^{s-1}}$ $(\forall s > 2, \exists p > 2)$ を示そう．Littlewood-Paley 分解（第 3 章）で導入した ψ, φ_j を使って $\Phi_j(x) = \psi + \sum_{k=1}^j \varphi_k$ と置くと，$\Phi_j(x) = 2^{dj}\Phi_0(2^j x)$ となる $(d = 2)$．よって，連続関数 ω に対して

$$\omega_j := \Phi_j * \omega \to \omega$$

が任意の $x \in \mathbb{R}^d$ に対して成立する．この ω_j に対して評価をすすめる．$g(x) = \sup_{j=1,2,\dots} |\Phi_j * \omega(x)|$ と定義すると，maximal function の L^p 有界性により $g \in L^p$ となることが分かる．maximal function は，数学的にかなり深遠であり，従ってここではこれ以上立ち入らない．詳しくは Yabuta[16] を参照のこと．任意の j に対して $|\Phi_j * \omega(x)| \lesssim g(x)$ なので，Lebesgue の収束定理により $\lim_{j\to\infty} \|\Phi_j * \omega - \omega\|_{L^p} = 0$ となる．これを勘案すると，

$$\|\nabla\omega\|_{L^p} = \lim_{j\to\infty} \|\Phi_j * \nabla\omega\|_{L^p} \lesssim \|\nabla\psi * \omega\|_{L^p} + \lim_{j\to\infty} \sum_{k=1}^j \|\varphi_k * \nabla\omega\|_{L^p}$$

が得られる．右辺の最初の項は

$$\|\nabla\psi * \omega\|_{L^p} = \|\nabla\tilde{\psi} * \psi * \omega\|_{L^p} \lesssim \|\nabla\tilde{\psi}\|_{L^q}\|\psi * \omega\|_{L^2} \lesssim \|\psi * \omega\|_{L^2} \lesssim \|\omega\|_{H^{s-1}}$$

と計算される．$\tilde{\psi}$ は Fourier 変換を使って $\hat{\tilde{\psi}}(\xi) = \hat{\psi}(\xi/2)$ と定義される．この定義により $\mathrm{supp}\,\hat{\psi} \subset \mathrm{supp}\,\hat{\tilde{\psi}}$ となるので，従って $\hat{\psi} = \hat{\tilde{\psi}}\hat{\psi}$，すなわち $\psi = \tilde{\psi} * \psi$ が成立する．$\tilde{\varphi}_j$ も同様に定義される．Littlewood-Paley 分解と Young の不等式 $(1/q + 1/2 - 1 = 1/p)$ を使うと，

$$\sum_{j=1}^\infty \|\varphi_j * \nabla\omega\|_{L^p} = \sum_{j=1}^\infty \|\nabla\tilde{\varphi}_j * \varphi_j * \omega\|_{L^p}$$

$$\lesssim \sum_{j=1}^\infty \|\nabla\tilde{\varphi}_j\|_{L^q}\|\varphi_j * \omega\|_{L^2} \lesssim \sum_{j=1}^\infty 2^{\tilde{s}j}\|\varphi_j * \omega\|_{L^2}$$

が得られる．$\tilde{s} = 2(1 - 1/q) + 1 > 1$ である．$s - 1 - \tilde{s} > 0$ となるように $q > 2$ を十分 2 に近くなるように選び，数列に対する Hölder の不等式を適用すると，最終的に

$$\lesssim (\sum_{j=1}^{\infty} 2^{2(\tilde{s}+1-s)j})^{1/2}(\sum_{j=1}^{\infty} 2^{2(s-1)j}\|\varphi_j * \omega\|_{L^2}^2)^{1/2} \lesssim \|\omega\|_{H^{s-1}}$$

が得られる．上の評価式をまとめると以下のようになる（ここは簡単のために $\|\omega(t)\|_{L^\infty} = \|\omega_0\|_{L^\infty} = 1$ とし，$\|\omega(t)\|_{H^{s-1}} \lesssim \|u(t)\|_{H^s}$ を適用する）．

$$\partial_t \|u(t)\|_{H^s} \le C\|u(t)\|_{H^s}(1 + \|\omega\|_{L^2} + C_p \log(1 + \|u(t)\|_{H^s})).$$

渦度が粒子に凍結しているので $\|\omega(t)\|_{L^2} = \|\omega_0\|_{L^2}$ である．常微分方程式論で学ぶ Gronwall の不等式を適用する．すると

$$1 + \|u(t)\|_{H^s} \le \|u_0\|_{H^s} \exp\left(\int_0^t (1 + \|\omega_0\|_{L^2} + C_p \log(1 + \|u(\tau)\|_{H^s})d\tau\right)$$

が得られる．ここでは $\partial_t \|u(t)\|_{H^s} = \partial_t (1 + \|u(t)\|_{H^s})$ となることを使った．改めて $z(t) = \log(1 + \|u(t)\|_{H^s})$ と置く．すると

$$z(t) \le z(0) + \int_0^t (1 + \|\omega_0\|_{L^2} + C_p z(\tau))d\tau$$

が成立する．再び $z(t)$ に対して Gronwall の不等式を施すと，$\|u(t)\|_{H^s}$ が高々 2 重指数増大するエネルギー型評価式が導かれる．

補足 5.8 次章で必要となる $\|\nabla\omega\|_{L^4}$ の 2 重指数増大するエネルギー型評価式も，同様にして導くことができる．

　この H^s ノルムにおけるエネルギー型評価によって，時間局所解が時間大域解に延長できることが分かる．より具体的には次の通り．任意の時刻 T に対して，そのエネルギー型評価式によって $\sup_{0<t<T} \|u(t)\|_{H^s} =: U_T$ と置くことが出来る．勿論 $\|u(0)\|_{H^s} \le U_T$ である．この U_T を使って前節の局所解の存在定理を適用する．その時間幅を $[0, T_L]$ とする．同じく $u(T_L)$ を初期値とみなして局所解の存在定理を再び適用する．すると，時刻 $2T_L$ まで解が存在することが分かる．これを T に到達するまで，有限回繰り返すことができる．

5.3　critical な Sobolev 空間における 2 次元 Euler 方程式の非適切性

　この節で礎となる結果は，Bourgain-Li[18] が 2015 年に示した Euler 方程式の解のノルム・インフレーションである．彼らは次の定理を証明した．

定理 5.9　ある初期渦度 $\omega_0 \in H^1$ が存在して次が成立する：任意の $t_0 > 0$ に対してその初期渦度に対応する解 ω が

$$\mathrm{esssup}_{0<t<t_0}\|\omega(t, \cdot)\|_{H^1} = \infty$$

を満たす．

本節では，Bourgain-Li のような瞬間爆発を起こす解を構成するのではなく，それより弱い形の定理を示す．すなわち，一貫して滑らかな解，$C^\infty([0,\infty)\times\mathbb{R}^2)$ に入る Euler 方程式の解の列について洞察する（補足 5.5 を参照）．ここで Sobolev ノルムを再掲しよう．

$$\|f\|_{H^1} := \|f\|_{L^2} + \|\nabla f\|_{L^2}$$

であり，また

$$\|f\|_{L^p} := \left(\int_{\mathbb{R}^2} |f(x_1,x_2)|^p dx_1 dx_2\right)^{1/p} \quad (1 \le p < \infty),$$

$$\|\nabla f\|_{L^p} := \sum_{j=1,2}\left(\int_{\mathbb{R}^2} |\partial_{x_j} f(x_1,x_2)|^p dx_1 dx_2\right)^{1/p} \quad (1 \le p < \infty),$$

$$\|\nabla f\|_{L^\infty} := \sup_{x\in\mathbb{R}^2,\ j=1,2} |\partial_{x_j} f(x_1,x_2)|$$

である．滑らかな解の列を取り扱うので，ここの非適切性の洞察に限ると，積分は Riemann 積分とみなせる．この章の主定理は以下の通りである．

定理 5.10 $M_j \to \infty$ を満たす任意の数列 $\{M_j\}_j$ を一つとってくる．すると，コンパクトサポートを持ち，$\|\omega_{0,j}\|_{H^1} \le 1$ を満たす滑らかな初期値列 $\{\omega_{0,j}\}_j$ が存在して，それに対応する解 $\{\omega_j\}_j \subset C^\infty([0,\infty)\times\mathbb{R}^2)$ が次を満たす．

$$\|\omega_j(t)\|_{H^1} \gtrsim M_j \quad \text{for some} \quad t \in [0, M_j^{-6}).$$

補足 5.11 上の定理では M^{-6} を使っているが，これは最良な評価ではない．Bourgain-Li[18] では，時間区間幅と M_j のより精密な関係も導かれているが，ここではそれを省略する（興味のある読者は，原著論文を読まれたい）．

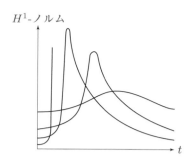

図 5.7 解の振る舞いのイメージ（ノルム・インフレーション）．

さて，主定理の証明の概略を以下に述べておこう．Bourgain-Li[18] によって提唱された Large Lagrangian deformation がキーアイデアとなる．具体的には，以下の二つの Euler 流の構成がカギとなる．

- （大スケール）任意に大きい $M > 0$ を取ってきてそれを固定する．Large

Lagrangian deformation $|D_x\eta(t^*, x^*)| > M$ $(\exists t^* \in [0, M^{-6}), \exists x^* \in \mathbb{R}^2)$ を引き起こす初期渦度 ω_0 を構成する（背理法を使う）. その際に, Riesz 変換（特異積分作用素）の L^∞ 非有界性を巧みに使う.

- （小スケール）$|\partial_2\eta_2(t^*, x^*)| > M$ と仮定しよう. 大スケールの初期渦度 ω_0 に小スケールの初期渦度 β_n を加えた初期渦度 $\omega_{0,n} = \omega_0 + \beta_n$ に対して, $\|\partial_1\beta_n\partial_2\eta_2(t^*)\|_{L^2(\mathbb{R}^2)} \to M$ $(n \to \infty)$ を引き起こすものを構成する.

補足 5.12 上の大スケール・小スケールの設定を, 補足 5.3 に出てきている大スケール・小スケールの設定と比べてみるとよい.

ではまずはその大スケールの初期渦度を構成しよう. サポートがボール $\{x \in \mathbb{R}^2 : |x| < 1/4\}$ に入り, $\phi(0) = 2, 0 \le \phi \le 2, \int\phi = 1$ を満たす滑らかな偶関数 ϕ に対してまずは奇関数を

$$\phi_0(x_1, x_2) = \sum_{\varepsilon_1, \varepsilon_2 = \pm 1} \varepsilon_1\varepsilon_2\phi(x_1 - \varepsilon_1, x_2 - \varepsilon_2) \tag{5.16}$$

と定める. 次にその奇関数とスケール変換を使って初期渦度を構成する. 具体的には以下のように初期渦度を定義する.

$$\omega_0(x) = \omega_0^N(x) = N^{-\frac{1}{2}} \sum_{1 \le k \le N} \phi_k(x), \tag{5.17}$$

$N = 1, 2, 3, \ldots$ であり, $\phi_k(x) = \phi_0(2^k x)$ と定義する.

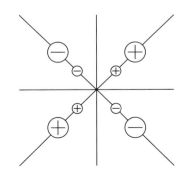

図 5.8　ω_0 のイメージ（図は $N = 2$）.

小スケールの初期渦度 β_n は次のように定義する.

$$\beta_n(x) = n^{-1}\phi(n(x - x^*))\sin n^2 x_1. \tag{5.18}$$

命題 5.13 任意の N, n に対して以下の一様評価

$$\|\omega_0^N\|_{H^1} \lesssim 1, \quad \|\beta_n\|_{H^1} \lesssim 1$$

が得られることは, すぐに分かる.

補足 5.14 （エネルギー有限） 上述の定理では渦度 ω の H^1 ノルムのみに着目しているが，Biot-Savart law によって生成される速度場 u がエネルギー有限（L^2 ノルムが有限）であるためには，$\int \omega = 0$ であればよい（上述の初期渦度 ω_0^N と β_n に関しては，任意の N に対して $\int \omega_0^N = 0$ であり，また，n の選び方によって $\int \beta_n = 0$ とできる）．詳細は省くが，以下の式変形と Parseval の等式を適用することによってそれを確認することができる．

$$\|u\|_{L^2} \approx \|\nabla^\perp \Delta^{-1} \omega\|_{L^2} = \|\Delta^{-1/2} \omega\|_{L^2}.$$

次節から，定理 5.10 を証明する．

5.4　特異積分作用素の L^∞-非有界性

この節では，以下の命題を洞察する．

命題 5.15 η を，初期渦度 ω_0^N から生成される Lagrangian flow とする．任意に十分大きい $M > 1$ に対して

$$\sup_{0 \le t \le M^{-6}} \|D\eta(t)\|_{L^\infty} \gtrsim M$$

が十分大きい自然数 $N > 0$ で成立する．

なお，$\|D\eta(t)\|_{L^\infty}$ は

$$\|D\eta(t)\|_{L^\infty} = \sup_{x \in \mathbb{R}^2} \left(\sum_{i,j=1}^{2} |\partial_{x_i} \eta_j(t,x)| \right)$$

と定義される．

5.1 節の (5.22) と (5.14) に関する洞察はとても重要なので，ここでも繰り返そう．流体運動というものは，大胆に言うと，定常流 $(Mx_1, -Mx_2)$ $(M \in \mathbb{R})$ から生成される

$$D\eta(t,x) = \begin{pmatrix} e^{Mt} & 0 \\ 0 & e^{-Mt} \end{pmatrix} \tag{5.19}$$

と 定常流 $(Mx_2, -Mx_1)$ から生成される

$$D\eta(t,x) = \begin{pmatrix} \cos Mt & -\sin Mt \\ \sin Mt & \cos Mt \end{pmatrix} \tag{5.20}$$

の組み合わせである（ただ，実際は高度な非線形相互作用を有する）．直後の証明で紹介する rate-of-strain tensor と rotation tensor がそれらに対応する．大雑把に言って，この $D\eta(t,x)$ の値が大きくなる点と時間の周りでは，$(Mx_1, -Mx_2)$ というタイプの流れ場が支配的である，とみなすことができる．

証明 証明は背理法による．まずは

$$\|D\eta(t)\|_{L^\infty} \leq M \tag{5.21}$$

が $0 \leq t \leq M^{-6}$ で成り立っていると仮定して，矛盾を導く．

まずは Lagrangian flow $\partial_t \eta = u \circ \eta$ に対して，両辺 x 変数の微分を施す．すると次が得られる．

$$\frac{d}{dt}D\eta = \begin{pmatrix} \partial_1 u_1 & \partial_2 u_1 \\ \partial_1 u_2 & \partial_2 u_2 \end{pmatrix} \circ \eta D\eta, \quad D\eta|_{t=0} = \begin{pmatrix} 1 & 0 \\ 0 & 1 \end{pmatrix}. \tag{5.22}$$

Biot-Savart law により，上に現れた速度場の 1 階微分の行列は

$$\begin{pmatrix} \partial_1 u_1 & \partial_2 u_1 \\ \partial_1 u_2 & \partial_2 u_2 \end{pmatrix} = \begin{pmatrix} -R_{12}\omega & -R_{22}\omega \\ R_{11}\omega & R_{12}\omega \end{pmatrix}$$

を意味する．

補足 5.16

$$\begin{pmatrix} \partial_1 u_1 & \partial_2 u_1 \\ \partial_1 u_2 & \partial_2 u_2 \end{pmatrix}$$

という行列は，以下の **rate-of-strain tensor** と rotation tensor に分解される．

$$\text{rate-of-strain tensor:} \quad \begin{pmatrix} \partial_1 u_1 & \frac{1}{2}(\partial_2 u_1 + \partial_1 u_2) \\ \frac{1}{2}(\partial_1 u_2 + \partial_2 u_1) & \partial_2 u_2 \end{pmatrix},$$

$$\text{rotation tensor:} \quad \begin{pmatrix} 0 & \frac{1}{2}(\partial_2 u_1 - \partial_1 u_2) \\ \frac{1}{2}(\partial_1 u_2 - \partial_2 u_1) & 0 \end{pmatrix}.$$

これらは流体物理の研究分野でよく使われる概念であり，実際のところ，次章にも登場する．

R_{ij} は Riesz 変換という特異積分作用素であり

$$R_{ij}\omega(x) := \frac{1}{2\pi}\int_{\mathbb{R}^2} \frac{y_i}{|y|^2}\frac{\partial\omega}{\partial x_j}(x-y)dy = -\frac{1}{2\pi}\int_{\mathbb{R}^2}\frac{y_i}{|y|^2}\frac{\partial}{\partial y_j}\left(\omega(x-y)\right)dy$$

と表される（t 変数を省略）．部分積分によって，R_{ij} は或る具体的な積分核との合成積の形に書き換えることが出来る．まず積分 $\int_{\mathbb{R}^2}$ をより厳密な $\lim_{\epsilon\to 0}\int_{|y|>\epsilon}$ に置き換え，そして部分積分を適用する．

$$= \frac{1}{2\pi}\lim_{\epsilon\to 0}\int_{|y|>\epsilon}\partial_j\left(\frac{y_i}{|y|^2}\right)\omega(x-y)dy - \lim_{\epsilon\to 0}\int_{|y|=\epsilon}\frac{y_i}{|y|^2}\omega(x-y)dy_{3-j}$$

が得られる．もし $3-j$ と i が一致，すなわち i と j が一致しなければ，$y = (\epsilon\cos\theta, \epsilon, \sin\theta)$ という変数変換を使って

$$-\int_{|y|=\epsilon} \frac{y_i}{|y|^2}\omega(x-y)dy_i = \int_0^{2\pi} \omega(x-\epsilon(\cos\theta,\sin\theta))\cos\theta\sin\theta d\theta$$

$$\to \omega(x)\int_0^{2\pi}\cos\theta\sin\theta d\theta = 0 \quad (\epsilon\to 0)$$

が得られる．そして，直接計算により，右辺第一項の積分核は

$$\partial_j\left(\frac{y_i}{|y|^2}\right) = -\frac{2y_iy_j}{|y|^4}$$

と表現され，これは y_1, y_2 軸それぞれに対して奇対称でかつ非可積分な特異性を持つ積分核となる（原点の特異点を，$|y|>\epsilon$ という積分範囲で避けているので，積分自体は問題なくできる）．一方で，もし $3-j$ と i が一致しない場合，すなわち i と j が一致する場合は，

$$-\int_{|y|=\epsilon} \frac{y_i}{|y|^2}\omega(x-y)dy_i = \int_0^{2\pi} \omega(x-\epsilon(\cos\theta,\sin\theta))\sin^2\theta d\theta$$

$$\to \omega(x)\int_0^{2\pi}\sin^2\theta d\theta = \pi\omega(x) \quad (\epsilon\to 0)$$

と計算される．また，直接計算により右辺第一項の積分核は

$$\partial_i\left(\frac{y_i}{|y|^2}\right) = \frac{y_{3-i}^2 - y_i^2}{|y|^4} = \frac{(y_{3-i}-y_i)(y_{3-i}+y_i)}{|y|^4}$$

という表現を持つことになり，これは y_1, y_2 軸それぞれに対して偶対称でかつ非可積分な特異性を持つ積分核となる（下の図を参照）．

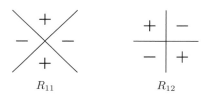

図 5.9　積分核の対称性のイメージ．

まずは式変形を進めよう．

$$\frac{d}{dt}D\eta = \begin{pmatrix} -R_{12}\omega\circ\eta & 0 \\ 0 & R_{12}\omega\circ\eta \end{pmatrix}D\eta + \begin{pmatrix} 0 & -R_{22}\omega\circ\eta \\ R_{11}\omega\circ\eta & 0 \end{pmatrix}D\eta$$

と分解したものを考える．

$$P(t,x) = \begin{pmatrix} 0 & -R_{22}\omega(t,\eta(t,x)) \\ R_{11}\omega(t,\eta(t,x)) & 0 \end{pmatrix}$$

と置く．Duhamel's formula を適用して上の方程式を次の形に書き換える．

$$D\eta(t,x) = \begin{pmatrix} e^{-\int_0^t R_{12}\omega(\tau,\eta(\tau,x))d\tau} & 0 \\ 0 & e^{\int_0^t R_{12}\omega(\tau,\eta(\tau,x))d\tau} \end{pmatrix}$$
$$+ \int_0^t \begin{pmatrix} e^{-\int_\tau^t R_{12}\omega(\sigma,\eta(\tau,x))d\sigma} & 0 \\ 0 & e^{\int_\tau^t R_{12}\omega(\sigma,\eta(\tau,x))d\sigma} \end{pmatrix}$$
$$\times P(\tau,x)D\eta(\tau,x)\,d\tau. \tag{5.23}$$

R_{12} と R_{ii} $(i=1,2)$ の L^∞ ノルムにおける評価式を導き，それを使って証明を進めたい．まずは次の命題を示そう．

命題 5.17 (Bourgain-Li [18] Lemma 3.1) η が $\sup_{0\in[0,M^{-6}]}\|D\eta(t)\|_{L^\infty} \leq M$ を満たすと仮定する．すると

$$\sup_{t\in[0,M^{-6}]}\|R_{ii}\omega(t)\|_{L^\infty} \lesssim M$$

が任意の N に対して導かれる（ω, η は N に依存していることを思い出そう）．

証明 まず，自然数 n_0 を使って $M = 2^{n_0}$ と置く（あまり重要ではないので，定理の記述内では省略したが，ここの取り方のように，厳密には，M は 2 のベキ乗となるように取っている）．前述のとおり，R_{ii} の積分核は x_1 軸，x_2 軸に対して偶対称であり，一方で $\phi_k \circ \eta^{-1}$ は常に奇対称なので，

$$R_{ii}(\phi_k \circ \eta^{-1})(x)\Big|_{x=0} = \lim_{\epsilon\to 0}\int_{|y|>\epsilon}(\phi_k \circ \eta^{-1})(x-y)K(y)dy\Big|_{x=0} = 0$$

が得られる．K は R_{ii} の積分核，すなわち $K(y) = \frac{(y_{3-i}-y_i)(y_{3-i}+y_i)}{|y|^4}$ とする（簡単のため，$\omega(x)\int\sin^2\theta d\theta$ の項を無視している．この項はそのまま L^∞ ノルムで評価すればよい）．ただし，これは $x=0$ という原点のみの評価である．任意の x に対する評価を得るために，うまい場合分けを見つけ，それぞれに対して丁寧に評価を進める．この原点上の評価式を生かすために，或る $C>1$ に対して $\{x\in\mathbb{R}^2 \setminus \{0\} : C^{-1}2^{-\ell} \leq |x| \leq C2^{-\ell}\}$ と定義される円環上の点 x で評価を進める．この定数 C は，

$$\text{supp}\,\phi_k \subset \{x\in\mathbb{R}^2 : C^{-1}2^{-k} \leq |x| \leq C2^{-k}\}$$

となるように取る．まず，n_0, ℓ に依存させる形で，次のように k に対する二つの閾値 $\overline{k}, \underline{k}$ を定める．

- $\overline{k} := \sup\{k : 2^{-\ell} < C^{-1}2^{-k-n_0}\}$,
- $\underline{k} := \inf\{k : C2^{-k+n_0} < 2^{-\ell}\}$.

大雑把にいうと，$k \lesssim \ell - n_0$ を満たす最大の k を $\overline{k}$ （マイナスになる場合は考えない）とし，$\ell + n_0 \lesssim k$ を満たす最小の k を $\underline{k}$ と置く．

- 一番目に，$k = 1, \cdots, \overline{k}$ に対する ϕ_k の有限和，

- 二番目に，$k = \underline{k}, \underline{k}+1, \cdots$ に対する ϕ_k の無限和，
- 三番目に，その二つの間にある有限個（$2n_0$ 個）の ϕ_k に対する和，すなわち $C^{-1}2^{\ell - n_0} \leq 2^k \leq C2^{\ell + n_0}$ を満たす k（$k = \overline{k}+1, \overline{k}+2, \cdots, \underline{k}-2, \underline{k}-1$）を考えよう．

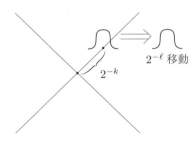

図 5.10 ϕ_k のイメージ．

一番目の評価：

まずは定義によって

$$|R_{ii}(\phi_k \circ \eta^{-1})(x)| = \left| \int_{\mathbb{R}^2} (\phi_k \circ \eta^{-1})(x - y) K(y) dy \right|$$

と書ける．ϕ_k のサポートにより，

$$C^{-1}2^{-k} \leq |\eta^{-1}(x - y)| \leq C2^{-k}$$

を満たす $x - y$ のみを考えればよいことになる（t 変数は省略する）．x はすでに固定されているので，ここでは $|y|$ の評価を進めたい．$\eta^{-1}(0) = 0$ と平均値の定理により，

$$|\eta^{-1}(x - y)| = |\eta^{-1}(x - y) - \eta(0)| = G|x - y|,$$
$$\inf_{x'} |D\eta^{-1}(x')| \leq G \leq \sup_{x'} |D\eta^{-1}(x')|$$

と評価ができる．$|D\eta| \leq \sup_x |D\eta^{-1}(x)| \leq 2^{n_0}$ だから，$\mathrm{Id} = D(\eta^{-1} \circ \eta) = (D\eta^{-1}) \circ \eta D\eta$ を合わせると，$2^{-n_0} \leq |D\eta^{-1}|$ という下からの評価も得られる．これを使うことで，以下のように $x - y$ の評価式を得ることができる．

$$C2^{-k+n_0} \geq |x - y| \geq C^{-1}2^{-k-n_0} > C^{-1}C2^{-\ell}.$$

よって，

$$|y| \leq |x| + |y - x| \leq (C + C^2)2^{-k+n_0},$$
$$|y| \geq |y - x| - |x| \geq (C - 1)2^{-k-n_0}$$

が成立し，従って

$$\left| \int_{\mathbb{R}^2} (\phi_k \circ \eta^{-1})(x-y)K(y)dy \right|$$

$$= \left| \int_{2^{-k-n_0} \lesssim |y| \lesssim 2^{-k+n_0}} (\phi_k \circ \eta^{-1})(x-y)K(y)dy \right|$$

が得られる．対称性により，

$$\int_{2^{-k-n_0} \lesssim |y| \lesssim 2^{-k+n_0}} (\phi_k \circ \eta^{-1})(-y)K(y)dy = 0$$

だから，これと平均値の定理により，

$$\sum_{k=1}^{\overline{k}} |R_{ii}(\phi_k \circ \eta^{-1})(x)|$$

$$\leq \sum_{k=1}^{\overline{k}} \int_{2^{-k-n_0} \lesssim |y| \lesssim 2^{-k+n_0}} |(\phi_k \circ \eta^{-1})(x-y) - (\phi_k \circ \eta^{-1})(-y)||K(y)|dy$$

$$\leq |x| \sum_{k=1}^{\overline{k}} \|\nabla(\phi_k \circ \eta^{-1})\|_{L^\infty} \int_{2^{-k-n_0} \lesssim |y| \lesssim 2^{-k+n_0}} |K(y)|dy$$

$$\lesssim \sum_{k=1}^{\overline{k}} 2^{-\ell} \cdot 2^{n_0} \cdot 2^k \cdot \int_{2^{-k-n_0}}^{2^{-k+n_0}} r^{-1}dr$$

$$\lesssim \sum_{k=1}^{\overline{k}} 2^{-\ell} \cdot 2^{n_0} \cdot 2^k \cdot n_0$$

$$\leq C^{-1} \sum_{k=1}^{\overline{k}} 2^{k-\overline{k}} n_0$$

$$\leq n_0 = \log M \leq M$$

が得られる．$\overline{k}$ は n_0, ℓ に依存しているが，等比級数によってその依存性を消去している．

　二番目の評価：

　一番目の評価と同じく，$|\eta^{-1}(x-y)| \approx 2^{-k}$ と $\underline{k}$ の条件により，

$$C^{-1}2^{-\ell} \geq 2^{-k+n_0} \geq |x-y| \geq 2^{-k-n_0}$$

が成立する．$|x| \approx 2^{-\ell}$ により，一番目と同様に $|y| \approx 2^{-\ell}$ となる．よって，

$$\sum_{k=\underline{k}}^{\infty} |R_{ii}(\phi_k \circ \eta^{-1})(x)| \leq \sum_{k=\underline{k}}^{\infty} \|K\|_{L^\infty(|y| \approx 2^{-\ell})} \|\phi_k \circ \eta^{-1}\|_{L^1} \leq \sum_{k=\underline{k}}^{\infty} 4^\ell \cdot 4^{-k}$$

$$\leq C^{-1} \sum_{k=\underline{k}}^{\infty} 4^{\underline{k}-k-n_0} \lesssim 1$$

が得られる．一番目と同様，等比級数によって n_0 と ℓ の依存性を消去している．

<u>三番目の評価：</u>
この場合は，次の補間不等式を用いる．

$$\|R_{ii}\omega\|_{L^\infty} \le \|\omega\|_{L^2}^{1/2}\|\nabla\omega\|_{L^\infty}^{1/2}.$$

演習問題 5.4 補間不等式

$$\|R_{ii}\omega\|_{L^\infty} \le \|\omega\|_{L^2}^{1/2}\|\nabla\omega\|_{L^\infty}^{1/2}$$

を示せ．

この補間不等式により，

$$\sum_{k=\ell-n_0}^{\ell+n_0} \|R_{ii}(\phi_k \circ \eta^{-1})\|_{L^\infty}$$

$$\le \sum_{k=\ell-n_0}^{\ell+n_0} \|\phi_k \circ \eta^{-1}\|_{L^2}^{1/2}\|\nabla(\phi_k \circ \eta^{-1})\|_{L^\infty}^{1/2}$$

$$\le \sum_{k=\ell-n_0}^{\ell+n_0} \|D\eta^{-1}\|_{L^\infty}^{1/2}\|\phi_k\|_{L^2}^{1/2}\|\nabla\phi_k\|_{L^\infty}^{1/2}$$

$$\le \sum_{k=\ell-n_0}^{\ell+n_0} 2^{n_0/2}2^{-k/2}2^{k/2} = 2^{n_0/2}(2n_0+1) \le 2^{n_0} \approx M$$

が得られる．よって上の三つの場合の計算を合わせると，

$$\|R_{ii}\omega(t)\|_{L^\infty} \lesssim M$$

が得られる（命題の証明はここで終わり）．

それでは証明を進めよう．導いた式を以下に再掲しよう．

$$P(t,x) = \begin{pmatrix} 0 & -R_{22}\omega(t,\eta(t,x)) \\ R_{11}\omega(t,\eta(t,x)) & 0 \end{pmatrix},$$

$$D\eta(t,x) = \begin{pmatrix} e^{-\int_0^t R_{12}\omega(\tau,\eta(\tau,x))d\tau} & 0 \\ 0 & e^{\int_0^t R_{12}\omega(\tau,\eta(\tau,x))d\tau} \end{pmatrix}$$
$$+ \int_0^t \begin{pmatrix} e^{-\int_\tau^t R_{12}\omega(\sigma,\eta(\tau,x))d\sigma} & 0 \\ 0 & e^{\int_\tau^t R_{12}\omega(\sigma,\eta(\tau,x))d\sigma} \end{pmatrix}$$
$$\times P(\tau,x)D\eta(\tau,x)\,d\tau. \tag{5.24}$$

今からは $(R_{12}\omega)(t,\eta(t,x))$ に対する評価式を導きたい．ここで $R_{12}\omega :=$ $R_{12}\omega(\tau,\eta(\sigma,x))d\sigma$ と略記しよう．任意の $x \in \mathbb{R}^2$ と任意の $0 \le \tau \le t$ に対して

$$e^{\mp \int_\tau^t R_{12}\omega} = e^{\mp(\int_0^t R_{12}\omega - \int_0^\tau R_{12}\omega)} \le e^{|\int_0^t R_{12}\omega| + \sup_{0 < \tau < t}|\int_0^\tau R_{12}\omega|}$$

$$\le e^{2\sup_{0 \le \tau \le t}|\int_0^\tau R_{12}\omega|} = \sup_{0 \le \tau \le t} e^{2|\int_0^\tau R_{12}\omega|} \tag{5.25}$$

が導かれ，従って任意の $0 \le t \le M^{-6}$ に対して，$D\eta$ と P の評価式を使うことで次の不等式が得られる．

$$e^{|\int_0^t R_{12}\omega|} \le M + tM^2 \sup_{0 \le \tau \le t} e^{2|\int_0^\tau R_{12}\omega|}$$

$$\le M + M^{-4} \left(\sup_{0 \le \tau \le t} e^{|\int_0^\tau R_{12}\omega|} \right)^2.$$

この 2 次不等式においては，例えば，一様有界性を示している (2.10) と同様の洞察によって，

$$\sup_{0 \le t < M^{-6}} e^{|\int_0^t R_{12}\omega|} \le 2M \quad \text{for large} \quad M > 1 \tag{5.26}$$

が得られる．従って十分大きな $M > 1$ に対して

$$(2M)^{-1} \lesssim e^{\mp \int_0^t R_{12}\omega} \lesssim 2M \tag{5.27}$$

が 任意の $x \in \mathbb{R}^2$ と任意の $0 \le t \le M^{-6}$ に対して成り立つことが分かった．一方で，R_{12} の積分核の奇対称性を使って，$N \to \infty$ とした時に $R_{12}\omega$ の L^∞-ノルムが任意の $t \in [0, M^{-6}]$ に対して無限大に発散することを示す（上の式 (5.27) と勘案すると，それは矛盾となる）．直接計算により次が得られる．

$$-(R_{12}\omega)(t, \eta(t,x))\big|_{x=0}$$

$$= \frac{1}{\pi} \int_{\mathbb{R}^2} \frac{y_1 y_2}{|y|^4} \omega_0(\eta(t,-y))dy = \frac{1}{\pi} \int_{\mathbb{R}^2} \frac{y_1 y_2}{|y|^4} \omega_0(\eta(t,y))dy \tag{5.28}$$

$$= \frac{1}{\pi} \int_{\mathbb{R}^2} \frac{\eta_1(t,x)\eta_2(t,x)}{(\eta_1^2(t,x) + \eta_2^2(t,x))^2} \omega_0(x)dx$$

$$\ge \frac{1}{\pi} \int_{x_1, x_2 \ge 0} \frac{\eta_1(t,x)\eta_2(t,x)}{(\eta_1^2(t,x) + \eta_2^2(t,x))^2} \omega_0(x)dx$$

$$= \frac{1}{\pi} \int_{x_1, x_2 \ge 0} \left(\frac{\eta_1(t,x)}{\eta_2(t,x)} + \frac{\eta_2(t,x)}{\eta_1(t,x)} \right)^{-1} \left(\eta_1^2(t,x) + \eta_2^2(t,x) \right)^{-1} \omega_0(x)dx.$$

積分範囲を $\mathbb{R}^2$ から $\{x : x_1, x_2 \ge 0\}$ へ狭めることが出来たのは，ω_0 と $\frac{\eta_1 \eta_2}{(\eta_1^2+\eta_2^2)^2}$ 両方とも x_1, x_2 軸に対して奇対称であり，かつ領域 $\{x : x_1, x_2 \ge 0\}$ で正値関数だからである．積分の値が大きくなりそうな積分領域だけを取り出し，具体的な積分計算が進められるようようにしたい．$(\eta_1/\eta_2 + \eta_2/\eta_1)^{-1}$ という項のおかげで，（大雑把に言って）η_1 または η_2 の値が小さいとき（η_1/η_2 または η_2/η_1 が非常に大きいとき）は，全体の積分値も小さくなってしまう．よって，そのような，下からのノルム評価にあまり重要ではない積分領域をカットしてしまおう．より具体的には，積分領域を次に設定する角領域 S へと

絞り込む.

$$S = \left\{ x \in \mathbb{R}^2 : \frac{1}{2} x_1 \le x_2 \le 2x_1, x_1 \ge 0, x_2 \ge 0 \right\}.$$

仮定 $|D\eta| \lesssim M$ を使って,この S 内における η 自身の振る舞いの評価を示しておく必要がある.

補題 5.18 $t \in [0, M^{-6})$, $x \in S$ に対して

$$M^{-1}|x| \lesssim \eta_1(t, x) \lesssim M|x|, \quad M^{-1}|x| \lesssim \eta_2(t, x) \lesssim M|x|$$

が成立する.

まずは上の補題を認めたうえで,証明を完成させよう.補題より

$$M^{-2} \lesssim \frac{\eta_1(t, x)}{\eta_2(t, x)} \lesssim M^2$$

が得られる.この評価式と初期値

$$\omega_0(x) = N^{-1/2} \sum_{1 \le k \le N} \phi_0(2^k x)$$

を代入すると,

$$\begin{aligned}
-\pi R_{12}\omega &\gtrsim \int_S \left(\frac{\eta_1(t, x)}{\eta_2(t, x)} + \frac{\eta_2(t, x)}{\eta_1(t, x)} \right)^{-1} \left(\eta_1^2(t, x) + \eta_2^2(t, x) \right)^{-1} \omega_0(x)\, dx \\
&\gtrsim M^{-4} N^{-\frac{1}{2}} \sum_{k=1}^{N} \int_S \frac{\phi_0(2^k x)}{|x|^2}\, dx \\
&\approx M^{-4} N^{\frac{1}{2}}
\end{aligned}$$

が得られる.M は固定されている正の定数なので,$N \to \infty$ とすると $-\pi R_{12}\omega \to \infty$ となる.これは任意の $t \in [0, M^{-6})$ で成立しているので,矛盾である.何に矛盾したかというと,$\sup_{0 < t < M^{-6}} \|D\eta(t)\|_{L^\infty} \le M$ という仮定に対してである.

では,後回しにしていた補題を証明しよう.

$$\begin{aligned}
D\eta(t, x) &= \begin{pmatrix} e^{-\int_0^t R_{12}\omega(\tau, \eta(\tau, x))d\tau} & 0 \\ 0 & e^{\int_0^t R_{12}\omega(\tau, \eta(\tau, x))d\tau} \end{pmatrix} \\
&\quad + \int_0^t \begin{pmatrix} e^{-\int_\tau^t R_{12}\omega(\sigma, \eta(\tau, x))d\sigma} & 0 \\ 0 & e^{\int_\tau^t R_{12}\omega(\sigma, \eta(\tau, x))d\sigma} \end{pmatrix} \\
&\qquad \times P(\tau, x) D\eta(\tau, x)\, d\tau \\
&=: A(t, x) + B(t, x)
\end{aligned} \tag{5.29}$$

と置く.解の対称性により,$\eta(t, 0) = 0$ なので,次が得られる.

$$\eta(t,x) = \eta(t,x) - \eta(t,0) = \int_0^1 D\eta(t,rx) \cdot x\, dr. \qquad (5.30)$$

よって，次の上からの評価式が成立する．

$$0 < \eta_1, \eta_2 \leq |\eta| \lesssim M|x|.$$

下からの評価式に関しては，次の $\tilde{B}$ の評価を進めることがカギとなる．

$$\int_0^1 D\eta(t,rx) \cdot x\, dr = \int_0^1 A(t,rx)\, dr \cdot x + \int_0^1 B(t,rx)\, dr \cdot x$$
$$=: \tilde{A}(t,x) + \tilde{B}(t,x).$$

$0 \leq t \leq M^{-6}$ に対して

$$|\tilde{B}(t,x)| \leq |x| \int_0^1 |B(t,rx)| dr$$
$$\leq |x| \int_0^1 \int_0^t \sup_{0 \leq \tau \leq t} e^{2|\int_0^\tau (R_{12}\omega)(\sigma, \eta(\sigma, rx))d\sigma|} \|P(\tau)\|_{L^\infty} \|D\eta(\tau)\|_{L^\infty} d\tau dr$$
$$\leq tM^4|x| \leq M^{-2}|x| \qquad (5.31)$$

が得られる．前に示した

$$(2M)^{-1} \leq e^{\pm \int_0^t (R_{12}\omega)(\tau, \eta(\tau,x))d\tau} \leq 2M, \quad 0 \leq t \leq M^{-6}, \quad x \in \mathbb{R}^2$$

を使うことにより，次が得られる（$\tilde{A}$, $\tilde{B}$ はベクトルなので，各成分を $\tilde{A}_1$, $\tilde{A}_2$, $\tilde{B}_1$, $\tilde{B}_2$ と書くことにする）．

$$\frac{x_2}{2M} \leq x_2 \int_0^1 e^{\int_0^t (R_{12}\omega)(\tau, \eta(\tau,rx))d\tau} dr = \tilde{A}_2(t,x)$$
$$= \eta_2(t,x) - \tilde{B}_2(t,x) \leq \eta_2(t,x) + |\tilde{B}_2(t,x)|.$$

よって $\tilde{B}$ の評価を用いることにより

$$0 \leq x_2 \leq M\eta_2(t,x) + M^{-1}\sqrt{x_1^2 + x_2^2}$$

が成り立つことが分かる．$x \in S$ すなわち $x_1 \leq 2x_2$ を組み合わせることで

$$0 \lesssim x_2 \leq M\eta_2(t,x)$$

が任意の $0 \leq t \leq M^{-6}$ で成り立つことが分かる．同様に

$$0 \leq x_1 \lesssim M\eta_1(t,x)$$

も得られる．これらを組み合わせることで

$$M^{-1}|x| \lesssim \eta_1(t,x), \quad M^{-1}|x| \lesssim \eta_2(t,x) \qquad (5.32)$$

が任意の $0 \leq t \leq M^{-6}$ と任意の $x \in S$ で成り立つことが分かった．

5.5 大スケールと小スケールの渦の相互作用から導かれる ノルム・インフレーション

大スケールの渦がある時刻 $t^* \in [0, M^{-6})$ とある点 $x^* \in \mathbb{R}^2$ で

$$|D\eta(t^*, x^*)| \geq M$$

を生成することが分かった．さて，もし大スケールの渦そのものがノルム・インフレーションを起こしているなら，すなわち $\|\omega(t^*)\|_{H^1} > M^{1/3}$ $(0 < \exists t^* \leq M^{-6})$ が成立しているのであるなら，もう何も証明することはない．よって

$$\|\omega(t)\|_{H^1} \leq M^{1/3}, \qquad 0 \leq \forall t \leq M^{-6} \tag{5.33}$$

を仮定しよう．この時点で，この大スケールの渦の振る舞いは決定されている．特に定数 M が固定されている．前述の Large Lagrangian deformation の命題 5.15 により，$0 \leq t^* \leq M^{-6}$ と $x^* = (x_1^*, x_2^*) \in \mathbb{R}^2$ が存在し，$D\eta(t^*, x^*)$ の 4 成分の絶対値の中の少なくとも一つは M で下から押さえられる．ここでは $|\partial_2 \eta_2| \gtrsim M$ と仮定しよう．$D\eta$ は滑らかなので，x^* に関する十分小さな δ-近傍に対して

$$\left| \frac{\partial \eta_2}{\partial x_2}(t^*, x) \right| \geq M \qquad \text{for} \quad |x - x^*| < \delta \tag{5.34}$$

が言える．今後，この δ も固定された定数とみなされる．

今から，大スケールの初期渦度 ＋ 小スケールの初期渦度：$\omega_0 + \beta_n$ を初期渦度とした Euler 方程式の解の振る舞いを考える．

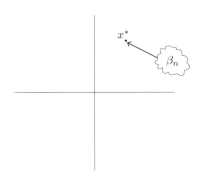

図 5.11 β_n を x^* に放り込む．

ここで小スケールの初期渦度を以下に再掲しよう．

$$\beta_n(x) = n^{-1} \phi(n(x - x^*)) \sin n^2 x_1. \tag{5.35}$$

ϕ は，コンパクトサポートを持つ滑らかな関数で $\phi(0) = 2$ である．

以下に，どのようにして式変形していくかの指針をまずは述べておきたい．
- ω_0 に対応する Euler 方程式の解を $\omega(t)$ とし，Lagrangian flow を $\eta = (\eta_1, \eta_2)$，速度場を u とする．
- $\omega_0 + \beta_n =: \omega_{0,n}$ に対応する Euler 方程式の解を $\omega_n(t)$ とし，Lagrangian flow を $\eta_n = (\eta_{n,1}, \eta_{n,2})$，速度場を u_n とする．

すると，以下のように Euler 方程式の解を分解することができる．なお，∇ は横ベクトル，すなわち

$$\nabla f = (\partial_1 f, \partial_2 f)$$

とする．

$$
\begin{aligned}
\nabla \omega_n &= \nabla \left(\omega_{0,n} \circ \eta_n^{-1} \right) \\
&= (\nabla \omega_{0,n}) \circ \eta_n^{-1} D\eta_n^{-1} = (\nabla \omega_{0,n}) \circ \eta_n^{-1} (D\eta_n)^{-1} \circ \eta_n^{-1} \\
&= (\nabla \omega_{0,n}) \circ \eta_n^{-1} \left[(D\eta_n)^{-1} - (D\eta)^{-1} \right] \circ \eta_n^{-1} \\
&\quad + \left((\nabla \omega_0) \circ \eta_n^{-1} + (\nabla \beta_n) \circ \eta_n^{-1} \right) (D\eta)^{-1} \circ \eta_n^{-1} \\
&= \nabla \omega_{0,n} \circ \eta_n^{-1} \left[(D\eta_n)^{-1} - (D\eta)^{-1} \right] \circ \eta_n^{-1} \\
&\quad + (\nabla \omega_0) \circ \eta_n^{-1} (D\eta)^{-1} \circ \eta_n^{-1} + \nabla \beta_n \circ \eta_n^{-1} (D\eta)^{-1} \circ \eta_n^{-1} \\
&=: I_1 + I_2 + I_3.
\end{aligned}
$$

あとで I_1, I_2, I_3 それぞれに対して L^2 ノルムを取るが，その際，
- I_1 は η_n^{-1} から e への変数変換，
- I_2 は η_n^{-1} から η^{-1} への変数変換，
- I_3 は η_n^{-1} から e への変数変換

を施す．特に I_2 は変数変換後，$\nabla(\omega_0 \circ \eta^{-1})$ と変形される．この式変形により，結局は I_1 において $\theta_n := \|D\eta - D\eta_n\|_{L^\infty} \to 0$，$I_3$ においては，時刻 t^* で $\|\nabla \beta_n (D\eta)^{-1}\|_{L^2} \to M$ $(n \to \infty)$，すなわち，$\|\partial_1 \beta_n \partial_2 \eta_2\|_{L^2} \to M$ と $\|\partial_2 \beta_n \partial_1 \eta_2\|_{L^2} \to 0$ を示せばよいことが分かる．なお，I_2 に関しては，$M^{1/3}$ で抑えられていることをすでに仮定している．

補足 5.19 I_3 に関して，η_n^{-1} から η^{-1} への変数変換を施すと，

$$\nabla \beta_n \circ \eta^{-1} (D\eta)^{-1} \circ \eta^{-1} = \nabla(\beta_n \circ \eta^{-1})$$

と式変形される．β_n は小スケールに対応し，η^{-1} は大スケールに対応する．次節で出てくる energy flux (6.6) と比較せよ．

補足 5.20 Kiselev-Šverák[32] や Kida[31] で着目されている，小スケールの渦が小スケールの渦自身に影響を及ぼす "self-interaction"（補足 5.6 を参照）は，I_1：

$$\nabla \omega_{0,n} \circ e \left[(D\eta_n)^{-1} - (D\eta)^{-1} \right] \circ e = (\nabla \omega_0 + \nabla \beta_n) \circ e \left[(D\eta_n)^{-1} - (D\eta)^{-1} \right] \circ e$$

の中の

$$\nabla \beta_n \circ e \left[(D\eta_n)^{-1} - (D\eta)^{-1} \right] \circ e$$

にあると思ってよい．結局は後で $\theta_n \to 0$ を示すので，そのような self-interaction はここでは主要な流体作用とはみなされていない，といえる．

I_1, I_3 を上述のように評価出来れば，最終的には以下のようにノルム・インフレーションを示すことができる．

$$\begin{aligned}
\|\nabla \omega_n(t^*)\|_{L^2} &\geq \|I_3\|_{L^2} - \|I_2\|_{L^2} - \|I_1\|_{L^2} \\
&\geq \|(\nabla \beta_n)(D\eta)^{-1}\|_{L^2} - \|\nabla(\omega_0 \circ \eta^{-1})\|_{L^2} \\
&\quad - \|(\nabla \omega_{0,n}) \left[(D\eta)^{-1} - (D\eta_n)^{-1} \right] \|_{L^2} \\
&\geq \|\partial_1 \beta_n \partial_2 \eta_2(t^*)\|_{L^2} - \|\partial_2 \beta_n \partial_1 \eta_2(t^*)\|_{L^2} \\
&\quad - \|\omega(t)\|_{L^2} - \theta_n \|\nabla \omega_{0,n}\|_{L^2} \\
&\gtrsim M.
\end{aligned}$$

一方で初期渦度が $\|\omega_{0,n}\|_{H^1} \leq \|\omega_0^N\|_{H^1} + \|\beta_n\|_{H^1} \lesssim 1$ と一様に評価が出来ているので，これで欲しいノルム・インフレーション（非適切性）が得られたことになる．

最後の節では，その I_1, I_2 に対する評価式を示す．

5.6 Lagrangian deformation の評価，およびノルム・インフレーションを引き起こす項の評価

補題 5.21（Lagrangian deformation の差の評価）　以下の極限が成立する．

$$\sup_{0 \leq t \leq 1} \|D\eta_n(t) - D\eta(t)\|_{L^\infty} = \theta_n \longrightarrow 0 \quad (n \to \infty). \tag{5.36}$$

補足 5.22　この評価式から得られる見解は大きい．本章で導くノルム・インフレーションはもっぱら Euler 座標における（ある種の）不安定性だといえる．一方で，この上の補題は，Lagrange 座標における（ある種の）安定性を示しているともいえる．このように Euler 座標と Lagrange 座標の（ある種の）安定性・不安定性の違いに着目することで，より深い流体運動のメカニズムを明らかにできるのかもしれない（[28] も参照のこと）．

証明　まず，記号の煩雑さを避けるため，速度場の差を $U_n = u_n - u$ と置こう．すると以下のように式変形ができる．

$$\partial_t(\eta_n - \eta) = u \circ \eta_n - u \circ \eta + U_n \circ \eta_n.$$

$u \circ \eta_n - u \circ \eta$ の式変形を進めよう．キーポイントは，各ベクトル成分に対

して素直に平均値の定理を適用させる点にある．$(u_1, u_2) = u$, $(\eta_1, \eta_2) = \eta$, $(\eta_{n,1}, \eta_{n,2}) = \eta_n$ となることを思い出そう．このとき，平均値の定理により，或る $\zeta_1, \zeta_2 \in (0,1)$ が存在して

$$u_1 \circ (\eta_{n,1}, \eta_{n,2}) - u_1 \circ (\eta_1, \eta_2) =$$

$$u_1 \circ (\eta_{n,1}, \eta_{n,2}) - u_1 \circ (\eta_1, \eta_{n,2}) + u_1 \circ (\eta_1, \eta_{n,2}) - u_1 \circ (\eta_1, \eta_2) =$$

$$(\eta_{n,1} - \eta_1)\Big(\partial_1 u_1 \circ ((\eta_{n,1} - \eta_1)\zeta_1 + \eta_1, \eta_{n,2})\Big)$$

$$+ (\eta_{n,2} - \eta_2)\Big(\partial_2 u_1 \circ (\eta_1, (\eta_{n,2} - \eta_2)\zeta_2 + \eta_2)\Big)$$

と式変形ができる．よって

$$|u_1 \circ \eta_n - u_1 \circ \eta| \leq |\eta_n - \eta|(|\partial_1 u_1| + |\partial_2 u_1|)$$

が得られた．u_2 の場合も全く同様である．よって

$$|u \circ \eta_n - u \circ \eta| \lesssim |\eta_n - \eta| \|\nabla u\|_{L^\infty}$$

が得られた．この $\eta_n - \eta$ に対して Gronwall の不等式を適用すればよい（より具体的には，$\partial_t |\eta_n - \eta| \leq |\partial_t(\eta_n - \eta)|$ という不等式を挟みこむ）．すると或る定数 $C > 0$ が存在して

$$\sup_{0 \leq t \leq 1} \|\eta_n(t) - \eta(t)\|_{L^\infty} \leq C \sup_{0 \leq t \leq 1} \|U_n(t)\|_{L^\infty}$$

が得られる．定数 C は $\sup_{0 < t < 1} \|\nabla u(t)\|_{L^\infty}$ に依存するが，n には依存していない．1階微分の評価に関しても，同様に

$$\partial_t(D\eta_n - D\eta) = D\eta_n(\nabla u) \circ \eta_n - D\eta(\nabla u) \circ \eta + D\eta_n(\nabla U_n) \circ \eta_n$$

$$= ((\nabla u) \circ \eta_n - (\nabla u) \circ \eta) D\eta + (\nabla u) \circ \eta_n (D\eta_n - D\eta)$$

$$+ D\eta_n(\nabla U_n) \circ \eta_n$$

と変形し，Gronwall の不等式を適用すればよい．最右辺の最初の項は，平均値の定理と前出の $\eta_n - \eta$ の評価を適用すればよい．すると或る定数 $C > 0$ が存在して

$$\sup_{0 \leq t \leq 1} \|D\eta_n(t) - D\eta(t)\|_{L^\infty} \leq C \sup_{0 \leq t \leq 1} \|\nabla U_n(t)\|_{L^\infty}$$

が得られる．定数 C は

$$\sup_{0 < t < 1} \|\nabla u(t)\|_{L^\infty}, \ \sup_{0 < t < 1} \|\nabla^2 u(t)\|_{L^\infty}, \ \sup_{0 < t < 1} \|D\eta(t)\|_{L^\infty}$$

に依存するが，n には依存していない．ここで速度場の差 $\|\nabla U_n\|_{L^\infty} = \|\nabla(u_n - u)\|_{L^\infty}$ の評価が必要になるが，これを渦度で評価する場合，これまでに何回も出てきている Riesz 変換の L^∞-ノルムの評価が必要となってしまう．よって，前章で出てきた補間不等式

$$\|R_{ij}(\omega_n - \omega)\|_{L^\infty} \leq \|\omega_n - \omega\|_{L^2}^{1/3}(\|\nabla \omega_n\|_{L^4} + \|\nabla \omega\|_{L^4})^{2/3}$$

を適用する．記号の煩雑さを避けるため，$W_n = \omega_n - \omega$ と置く．より具体的には，補間不等式

$$\|R_{ij}f\|_{L^\infty} \leq \|f\|_{L^2}^{1-\alpha}\|\nabla f\|_{L^p}^\alpha$$

において，$\alpha = \frac{1}{2-\frac{2}{p}}$ を代入したものを使った（不等式 (8.1) を参照）．ここで $\|\nabla\omega_n\|_{L^4} \lesssim n^{1/2}$ と $\|W_n\|_{L^2} \lesssim n^{-2}$ を示すことが出来れば，証明が完了する．

補足 5.23 （重要な observation） 様々な L^p ノルムが混在してきており，少々ややこしくなっているが，要は，n の依存性がどうなるかという点に気を付ければよい（後で n を大きくとって，結局は評価式が小さくなるようにする）．$\|W_n\|_{L^2}$ は n^{-2} のオーダーとなり，一方で $\|\nabla\omega_n\|_{L^4}$ のオーダーは $n^{1/2}$ となるので，上の補間不等式に代入すると，$\|R_{ij}W_n\|_{L^\infty} \lesssim n^{-1/3}$ となり，まだ n の指数に若干の余裕が感じられる．このように n のマイナスのオーダーが稼げるのは，非等方的な初期渦度を設定しているからである．空間等方的な的な初期渦度，すなわち，例えば $\beta_n = \phi(n(x-x^*))$ の場合を計算してみるとよい．この場合は $\|W_n(0)\|_{L^2} \lesssim n^{-1}$，$\|\nabla\omega_{0,n}\|_{L^4} \lesssim n^{1/2}$，$\|R_{ij}W_n\| \lesssim 1$ となり，右辺に n の負ベキは現れない．このように $n^{-1/3}$ を稼ぐことができるのは，小スケールの初期渦度が x_1 軸方向と x_2 軸方向に対して非等方的であるからである．この observation は，次章のスケール間のエネルギーの移動の洞察（**Kraichnan's vortex blob**：Kraichnan の渦の小塊と訳す）でも重要となる．

まず，渦度方程式に対する L^4 ノルムのエネルギー型不等式を計算する．渦度方程式の両辺に ∇ を施し，$\nabla(|\omega_n|^p) = p|\nabla\omega_n|^{p-2}\nabla\omega_n$ $(p=4)$ を掛け算，空間積分を施す．すると（dx を省略），

$$
\begin{aligned}
\frac{d}{dt}\left(\|\nabla\omega_n(t)\|_{L^4}^4\right) &= 4\int \nabla\left((u_n\cdot\nabla)\omega_n\right)\cdot\nabla\omega_n|\nabla\omega_n|^2 \\
&= 4\int \left((\nabla u_n\cdot\nabla)\omega_n\right)\cdot\nabla\omega_n|\nabla\omega_n|^2 + 4\int \left((u_n\cdot\nabla)\nabla\omega_n\right)\cdot\nabla\omega_n|\nabla\omega_n|^2 \\
&= 4\int \left((\nabla u_n\cdot\nabla)\omega_n\right)\cdot\nabla\omega_n|\nabla\omega_n|^2 + 4\int (u_n\cdot\nabla)|\nabla\omega_n|^4 \\
&= 4\int \left((\nabla u_n\cdot\nabla)\omega_n\right)\cdot\nabla\omega_n|\nabla\omega_n|^2
\end{aligned}
$$

が得られる．最後の等式は，部分積分と $\nabla\cdot u_n = 0$ による．よって，(5.15) により

$$
\begin{aligned}
\frac{d}{dt}\left(\|\nabla\omega_n(t)\|_{L^4}^4\right) &\leq \|R_{ij}\omega_n(t)\|_{L^\infty}\|\nabla\omega_n(t)\|_{L^4}^4 \\
&\leq \log(10 + \|\omega_n\|_{L^2}^2 + \|\nabla\omega_n\|_{L^4}^4)\|\nabla\omega_n\|_{L^4}^4
\end{aligned}
$$

が得られる．前節で示した対数型の Gronwall の不等式により，

$$\sup_{0<t<1}\|\nabla\omega_n(t)\|_{L^4} \lesssim \|\nabla\omega_{0,n}\|_{L^4} \lesssim n^{1/2}$$

と評価ができる（実際は t に関して高々 2 重指数増大する評価式となるのだが，ここでは n の依存性のみに着目している）．次に $\|W_n\|_{L^2} \lesssim n^{-2}$ を示そう．

$$\partial_t W_n = (U_n \cdot \nabla)\omega + (u_n \cdot \nabla)W_n$$

より，両辺に W_n を書けて空間積分を施すと，第二項は skew-symmetry で消去されるので

$$\frac{d}{dt}\left(\|W_n\|_{L^2}^2\right) \lesssim \|U_n\|_{L^4}\|\nabla\omega\|_{L^4}\|W_n\|_{L^2} \lesssim \|W_n\|_{L^2}^2\|\nabla\omega\|_{L^4}$$

が得られる．$\|\nabla\omega\|_{L^4}$ は n に依存していないので，或る定数とみなすことができる．

演習問題 5.5 $\sup_{t \in [0,1]}\|U_n\|_{L^4} \lesssim \sup_{t \in [0,1]}\|W_n\|_{L^2}$ を示せ．

Gronwall の不等式により

$$\sup_{t \in [0,1]}\|W_n(t)\|_{L^2} \lesssim \|W_n(0)\|_{L^2} \lesssim n^{-2}$$

が得られる．これによって補題が示された．

補題 5.24 （ノルム・インフレーションを引き起こす項の評価） $t^* > 0$ を Large Lagrangian deformation を引き起こす時間とする．すると

1. $\|\partial_2\beta_n\partial_1\eta_2(t^*)\|_{L^2} \lesssim n^{-1}\sup_{0<t<T}\|D\eta(t)\|_{L^\infty}\|\phi\|_{L^2} \xrightarrow[n\to\infty]{} 0,$

2. $\|\partial_1\beta_n\partial_2\eta_2(t^*)\|_{L^2} \gtrsim M - n^{-1}\sup_{0<t<T}\|D\eta(t)\|_{L^\infty}\|\phi\|_{L^2} \xrightarrow[n\to\infty]{} M$

が得られる．

証明 $\sup_{0<t<T}\|D\eta(t)\|_{L^\infty}$ は M よりも大きな数字になり得るが，固定された数であることには変わりはない点に注意する．よって，評価を進める際，n のオーダーに気を付ければそれでよい．二つ目のノルム評価式が下から M で抑えられているのは，前に示した large Lagrangian deformation（命題 5.15）を使ったからに他ならない．本質的には一つ目の式と二つ目の式の計算は同じなので，ここでは二つ目のみを示す．$\beta_n = n^{-1}\phi(n(x-x^*))\sin n^2 x_1$ を代入し，$|\partial_2\eta_2(t^*,x)| \gtrsim M,\ (|x-x^*| < \delta)$ を勘案しながら直接計算を進める．

$$\left(\int_{\mathbb{R}^2}\left|\frac{\partial\beta_n}{\partial x_1}(x)\frac{\partial\eta_2}{\partial x_2}(t^*,x)\right|^2 dx\right)^{1/2} =$$

$$\left(\int_{\mathbb{R}^2}\left|n^{-1}\Big(n^2\phi(n(x-x^*))\cos n^2 x_1\right.\right.$$

$$\left.\left. + n\frac{\partial\phi}{\partial x_1}(n(x-x^*))\sin n^2 x_1\Big)\frac{\partial\eta_2}{\partial x_2}(t^*,x)\right|^2 dx\right)^{1/2}.$$

三角不等式と変数変換により，次のように式変形ができる．

$$\geq M\left(\int_{B(x^*,\delta)} n^2 \big| \cos n^2 x_1 \phi(n(x-x^*))\big|^2 dx\right)^{1/2} -$$

$$n^{-1}\left(\int_{\mathbb{R}^2} n^2 \Big| \sin n^2 x_1 \frac{\partial \phi}{\partial x_1}(n(x-x^*)) \frac{\partial \eta_2}{\partial x_2}(t^*,x)\Big|^2 dx\right)^{1/2}$$

$$\geq M\left(\int_{B(0,n\delta)} \big| \cos(nx_1 + n^2 x_1^*)\big|^2 |\phi(x)|^2 dx\right)^{1/2}$$

$$- n^{-1}\|\partial_1 \phi\|_{L^2}\|\partial_2 \eta_2(t^*)\|_{L^\infty}.$$

$\phi(0) = 2$ と連続性により $\bar{\delta} > 0$ が存在して

$$|\phi(x)| \geq 1 \quad \forall x \in B(0,\bar{\delta})$$

が言える. δ と $\bar{\delta}$ はすでに固定された定数なので, $\delta \geq \bar{\delta}/\bar{n}$ となる $\bar{n}$ を取ることができる. よって, ある正の定数 $C > 0$ が存在し, $\bar{n} < n$ を満たす任意の n に対して, 次のように評価ができる.

$$\left(\int_{B(0,\bar{\delta})} \big| \cos(nx_1 + n^2 x_1^*)\big|^2 dx\right)^{1/2}$$

$$\geq \left(\int_{-\bar{\delta}\pi/6}^{\bar{\delta}\pi/6}\int_{-\bar{\delta}\pi/6}^{\bar{\delta}\pi/6} \cos^2(nx_1 + n^2 x_1^*)\, dx_1 dx_2\right)^{1/2} \geq C.$$

最後の箇所では三角関数における二倍角の公式を使った. よって, 欲しい評価式が得られた.

第 6 章
乱流の energy transfer について

6.1 乱流とは

本章では，乱流研究の基礎概念であるスケール間のエネルギーの移動 "energy transfer" について概説する．乱流とは，文字通り「速度と向きの変化が激しく乱れた流れ」のことであり，身近な例としては，加湿器から出てくる水蒸気がイメージしやすい．ゆっくり流れる川の流れなど乱れのほとんどない綺麗な流れを層流という．厳密に乱流が数学・物理的に定義されているわけではないが，乱流の描像（特に 3 次元乱流）は，一般的には以下のように考えられている（Kida-Yanase[14, 5 章] に基づく）．

- (The first step.) 外界からの力学的あるいは熱的な作用によって流れのある大きいスケール（低周波）の運動が引き起こされる．（加湿器だと噴出口）

　「スケール」に関する具体的なイメージ：例えばお風呂の栓を抜いた時にできる渦の振る舞いと鳴門の渦潮の渦の振る舞いが何となく似ているが，スケールが決定的に違う．この場合は，大雑把に言って，鳴門の渦潮を大スケールといい，お風呂の渦を小スケールという．この後も，このようなあいまいなニュアンスで大スケール・小スケールという言葉を使うが，数学的な厳密性があるわけではない．

　またこの章では "∼" という記号が登場するが，これは「或る物理的仮定によって近似している」という意味であり，今まで使ってきた "≈" とは意味合いが異なる．

- (The second step.) 流れの中で流体要素は一般に引き延ばされたりねじられたり回転させられたりして複雑に変形する．（その流体要素が引き延ばされる状況が **vortex stretching** に対応する）

- (The third step.) その過程で，より小さなスケール（高周波）の変動が生まれる．すなわち，大きなスケールの運動が小さなスケールの運動に伝達

される.

- (The fourth step.) この新しく生まれた小さなスケールの運動は，またより小さなスケールの運動を誘発させる.
- (The fifth step.) しかしながら，実際はこれが無限連鎖するということはなく，或る程度スケールが小さくなると，粘性による平滑化効果により熱エネルギーに変換され，よってそれ以上の小スケールの流体運動は誘発されない.

図 6.1　乱流の大雑把なイメージ（加湿器をもとに）.

　この描像から読み取れることは，大雑把に言って，エネルギーが大スケールから小スケールへ移動（energy transfer）していることであり，**実際の乱流研究でも，このエネルギーの移動をいかに正確に捉えるかが重要な課題となる.** 逆に，2 次元では，小スケールから大スケールへのエネルギーの移動（energy inverse transfer）も起きていることが良く知られている．本章では，そのような energy transfer, energy inverse transfer を洞察する．なお，本書では，純粋数学の立場から，乱流研究の基礎アイデアの理解を主目的としており，従って，現在（2019 年 10 月）の乱流研究の動向を正確に伝えようとしているわけではない点をご了承頂きたい（また，以下の説明では，主に Eyink[21] を参考にした）．まず，Navier-Stokes 方程式を以下に記述しよう．本書では，便宜上，$\mathbb{R}^d$ 上 $(d = 2, 3)$ で考察する.

$$\partial_t u + (u \cdot \nabla)u = -\nabla p + \nu \Delta u + f, \quad \nabla \cdot u = 0, \quad u|_{t=0} = u_0.$$

$\nu \geq 0$ を粘性係数という．もし $\nu = 0$ で速度場 $u \in L^2$ が滑らかなら，4 章の (4.4) と同じ計算により（外力 f をゼロとした場合）

$$\frac{d}{dt} \int_{\mathbb{R}^d} |u(t, x)|^2 dx = \frac{d}{dt} \|u(t)\|_{L^2}^2 = 0$$

が得られる．これは，流体運動全体のエネルギー（L^2 ノルム）が時間発展によって変化しない，ということを表している．それを念頭に置きながら，スケールが $1/K$ より大きい平均流のエネルギー全体がどうなるかを見ていきたい.

　ここからは，便宜上，外力 f はゼロとする．外力がゼロの場合は「減衰乱流」

と呼ばれる現象に対応する。第2章の Navier-Stokes 方程式の解の存在定理と
照らし合わせると，実は乱流は「非線形項が卓越している場合の流れ」と言え
る。より具体的には，時間局所解の存在時間 T 後の振る舞い（定理 2.4 参照）
や初期値が η よりも大きい場合の振る舞い（定理 2.6 参照）こそがその「乱流」
に対応する。すなわち，それらの定理では，非線形項を解の存在時間 T の小さ
さや初期値の小ささによってコントロールしているが，そのようなコントロー
ルが効かない流体運動にこそが乱流に対応している，と言える（不等式 (2.10)
と (2.13) を参照）。その点において，乱流（より具体的には 3 次元乱流）は正
にミレニアム懸賞問題と深く関連する。さて，ここで Fourier 変換とその逆変
換を再掲しよう。

$$\hat{f}(\xi) = \int_{\mathbb{R}^d} f(x)e^{ix\cdot\xi}dx, \quad \mathcal{F}_\xi^{-1}[\hat{g}(\xi)](x) = \frac{1}{(2\pi)^d}\int_{\mathbb{R}^d}\hat{g}(\xi)e^{-ix\cdot\xi}d\xi.$$

スケールが $1/K$ より大きな平均場 $\tilde{u}_K$ とスケールが $1/K$ より小さい乱流変動
$\tilde{u}_K^c$ を以下のように定義する。

$$\tilde{u}_K(x) = \mathcal{F}_\xi^{-1}[\chi_{[0,K)}(|\xi|)\hat{u}(\xi)](x), \quad \tilde{u}_K^c(x) = \mathcal{F}_\xi^{-1}[(1-\chi_{[0,K)}(|\xi|))\hat{u}(\xi)](x).$$

$\chi : \mathbb{R} \to \mathbb{R}$ は特性関数といい，

$$\chi_{[0,K)}(r) = \begin{cases} 1 & r \in [0, K), \\ 0 & r \in (-\infty, 0) \cup [K, \infty) \end{cases}$$

と定義される。この場合は $u = \tilde{u}_K + \tilde{u}_K^c$ であり，Parseval の等式により
$\|u(t)\|_{L^2}^2 = \|\tilde{u}_K(t)\|_{L^2}^2 + \|\tilde{u}_K^c(t)\|_{L^2}^2$ が得られる。従って以下の等式が成立
する。

$$\frac{d}{dt}\|u(t)\|_{L^2}^2 = \frac{d}{dt}\|\tilde{u}_K(t)\|_{L^2}^2 + \frac{d}{dt}\|\tilde{u}_K^c(t)\|_{L^2}^2 = 0.$$

この等式により，スケール間のエネルギー移動が一目瞭然となる。流体運動全
体のエネルギーが保存されているので，どちらかのスケールのエネルギーが増
加すれば，どちらかのスケールのエネルギーが減少し，従ってそれがエネル
ギーの移動 (energy transfer or energy inverse transfer) を表している。

　ただ，$\tilde{u}_K$ は，sinc 関数という空間減衰があまりよくない関数との合成積と
なっているので，あとで軽く言及する物理的仮定：space-locality とあまり相

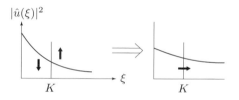

図 6.2 energy transfer のイメージ。

性が良くない．よってスケールが $1/K$ より大きい平均流を改めて

$$\bar{u}_K(t,x) := \int_{\mathbb{R}^d} G_K(r)u(t,x+r)dr$$

と定義しよう（$\bar{u}_K \sim \tilde{u}_K$ とみなす）．G は Gauss 関数 $G(r) = (2\pi)^{-d/2}\exp(-|r|^2)$ であり，$G_K(r) := K^d G(Kr)$ と定義する．$d=2$ のときは $r=(r_1,r_2)$ で $d=3$ のときは $r=(r_1,r_2,r_3)$ である．改めて，この $\bar{u}_K$ のエネルギーの増減が，スケール間のエネルギーの移動を表している．作用素 $\overline{(\cdot)}_K$ を，通常の Navier-Stokes 方程式の両辺に施すと，以下の方程式が得られる．

$$\partial_t \bar{u}_K + (\bar{u}_K \cdot \nabla)\bar{u}_K + \nabla \cdot \tau_K = -\nabla \bar{p}_K + \nu \Delta \bar{u}_K, \quad \nabla \cdot \bar{u}_K = 0.$$

ここで $\tau_K = \overline{(u \otimes u)}_K - \bar{u}_K \otimes \bar{u}_K$ を **Reynolds 応力**（レイノルズ応力）と呼び，大雑把に言って $1/K$ より小さいスケールの流れを表現している．$\otimes$ に関しては，例えば，$d=2$ で $a=(a_1,a_2)$, $b=(b_1,b_2)$ の場合，

$$a \otimes b = \begin{pmatrix} a_1 b_1 & a_1 b_2 \\ a_2 b_1 & a_2 b_2 \end{pmatrix}$$

と定義される．エネルギーの移動を考察するために，両辺に $\bar{u}_K$ をかけて，空間積分を施そう．すると次が得られる．

$$\frac{d}{dt}\frac{1}{2}\int |\bar{u}_K(x,t)|^2 dx + \nu \int |\nabla \bar{u}_K(t,x)|^2 dx = \int \bar{S}_K(x,t) : \tau_K(x,t)dx.$$

ここで，第 4 章の (4.4) と同じ計算によって得られる $\int (\bar{u}_K \cdot \nabla)\bar{u}_K \cdot \bar{u}_K = 0$ (skew-symmetry) と，u の divergence-free によって得られる $\int \nabla \bar{p}_K \cdot \bar{u}_K = 0$ を使った．$\bar{S}_K$ を **rate-of-strain tensor** といい，$\bar{S}_K = \frac{1}{2}\left[(\nabla \bar{u}_K) + (\nabla \bar{u}_K)^T\right]$ と定義される．例えば，2 次元の場合は

$$\bar{S}_K = \begin{pmatrix} \frac{\partial \bar{u}_{K,1}}{\partial x_1} & \frac{1}{2}\left(\frac{\partial \bar{u}_{K,2}}{\partial x_1} + \frac{\partial \bar{u}_{K,1}}{\partial x_2}\right) \\ \frac{1}{2}\left(\frac{\partial \bar{u}_{K,1}}{\partial x_2} + \frac{\partial \bar{u}_{K,2}}{\partial x_1}\right) & \frac{\partial \bar{u}_{K,2}}{\partial x_2} \end{pmatrix}$$

と表現される．$(\cdot)^T$ は転置行列を表しており，例えば $d=2$ で

$$A = \begin{pmatrix} a_{11} & a_{12} \\ a_{21} & a_{22} \end{pmatrix}, \quad B = \begin{pmatrix} b_{11} & b_{12} \\ b_{21} & b_{22} \end{pmatrix}$$

と置いた場合，

$$A^T = \begin{pmatrix} a_{11} & a_{21} \\ a_{12} & a_{22} \end{pmatrix}$$

と表現される．また $A:B = a_{11}b_{11} + a_{12}b_{12} + a_{21}b_{21} + a_{22}b_{22}$ と定義する．rate-of-strain tensor に関して，例えば，典型的な 2 次元の双曲型流れ $(-x_1,x_2)$ とただ単に剛体回転しているだけの渦 $(x_2,-x_1)$ を比べてみるとよ

い．前者の rate-of-strain tensor は

$$\bar{S} = \begin{pmatrix} -1 & 0 \\ 0 & 1 \end{pmatrix} \tag{6.1}$$

と計算される．この行列の固有値と固有ベクトルが，その流体要素の変形具合を表していることはすぐに分かる．一方，後者の場合は

$$\bar{S} = \begin{pmatrix} 0 & 0 \\ 0 & 0 \end{pmatrix} \tag{6.2}$$

と計算され，何の変形もなされないという直観にも合っている．

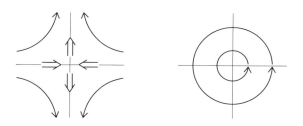

図 6.3　(6.1) と (6.2) のイメージ．

$$\Pi_K(t, x) = -\bar{S}_K(t, x) : \tau_K(t, x)$$

と定義しよう．Π_K を **energy flux** と言い，これこそが，スケール間のエネルギーの移動を表す．この Π_K を使って**スケール間のエネルギーの移動を詳しく調べることは，乱流のメカニズムを捉えるための最重要課題である**．大雑把に言って，この energy flux Π_K が全体的に正値なら $\int |\bar{u}_K(t, x)|^2$ が減少することになり，従って大スケールから小スケールへの energy transfer を意味する．逆にこの Π_K が全体的に負値なら $\int |\bar{u}_K(t, x)|^2$ が増加することになり，従って小スケールから大スケールへの energy inverse transfer を意味する．尚，粘性の影響に着目しているわけではない（より具体的には，粘性が事実上無視できる慣性領域に着目している）ので，粘性係数 ν は限りなく小さいものと思ってよい．

　次節からは，乱流の素過程を使って $\bar{S}_K$ と τ_K を設定し，その組み合わせを使って Π_K を計算する（「素過程」とは，基本となる渦の主要な振る舞い，である）．

6.2　Reynolds 応力の近似，および energy flux の計算

　この節からは，具体的に energy flux Π_K をどうやって計算すればよいか

を紹介する．ストーリーとしては，scale-locality, space-locality という物理的な仮定の上で Reynolds 応力を近似し，そして乱流の素過程である vortex stretching (3D), vortex thinning (2D) を使って具体的に計算する，というものである．まずは τ_K をより細かく分解しよう．そのために "スケール $1/k$ の平均流 $u^{[k]}$" を

$$u^{[k]} = \bar{u}_k - \bar{u}_{k-1} \quad (k \geq 2), \quad \bar{u}^{[1]} = \bar{u}_1$$

と定義しよう．この場合，

$$u = \sum_{k=1}^{\infty} u^{[k]}$$

が成立する．この分解を使うと，τ_K は

$$\tau_K = \sum_{n=1}^{\infty} \sum_{n'=1}^{\infty} \overline{(u^{[n]} \otimes u^{[n']})_K} - \overline{(u^{[n]})_K} \otimes \overline{(u^{[n']})_K}$$

と表現される（あとで物理的な近似を施すので，無限和の収束性はここでは気にしない）．$1/n$ と $1/n'$ のスケールに差がある場合の相互作用は小さい，という **scale-locality** と呼ばれる物理的仮定により

$$\tau_K \approx \tau^{[k,k]} := \overline{(u^{[k]} \otimes u^{[k]})_K} - \overline{(u^{[k]})_K} \otimes \overline{(u^{[k]})_K} \quad (k > K)$$

と近似される．この近似は，数学サイドにおいては，第 4 章の定理 4.6 の証明に出てくる Bony's paraproduct formula

$$fg = T_f g + T_g f + R(f, g)$$

において $fg \approx R(f, g)$ と近似することに対応している．上の近似では大スケール $1/K$ と小スケール $1/k$ の相互作用が卓越しているとみなしている．

補足 6.1 Scale-locality の物理的側面に関しては，例えば Goto-Saito-Kawhara [26] の D 章を参照のこと．

$\delta u := \delta u(r; x) = u(x + r) - u(x)$ と置くと，上の式は

$$\tau^{[k,k]} = \overline{(\delta u^{[k]} \otimes \delta u^{[k]})_K} - \overline{(\delta u^{[k]})_K} \otimes \overline{(\delta u^{[k]})_K} \tag{6.3}$$

と変形できる．ただし，$\overline{(\delta u)_K} := \int_{\mathbb{R}^d} G_K(r)(u(t, x + r) - u(x))dr$ と定義されることに注意する（第一項目も同様に定義される）．この変形は，Gauss 関数の積分値が 1 になることを使えば，厳密な数学計算で出る．

演習問題 6.1 等式 (6.3) を示せ．

それぞれの $\delta u^{[k]}$ に対して

$$\delta u^{(k,m)}(r; x) := \sum_{p=1}^{m} \frac{1}{p!} \left(r_1 \frac{\partial}{\partial x_1} + \cdots + r_d \frac{\partial}{\partial x_d} \right)^p u^{[k]}(x)$$

と m 次 Taylor 近似する（Eyink[21] の Section 3.2.2 を参照）．関数 $u^{[k]}$ 自体は Gauss 関数との合成積なので，たとえ $u \in L^2$ が滑らかではないとしても，$u^{[k]}$ は滑らかな関数である．従っていつでも Taylor 展開が可能である点に注意しよう．この Taylor 近似を使って

$$\tau^{(k,m)} := \overline{(\delta u^{(k,m)} \otimes \delta u^{(k,m)})_K} - \overline{(\delta u^{(k,m)})_K} \otimes \overline{(\delta u^{(k,m)})_K}$$

と $\tau^{(k,m)}$ を定義する．**space-locality** という物理的仮定により，

$$\tau^{[k,k]} \sim \tau^{(k,m)}$$

と Reynolds 応力を近似する．大雑把に言って，space-locality は，空間的に近くの流体粒子どうしは互いに影響しあいながら振る舞い，一方で遠く離れたものは互いに独立な振る舞いをする，というものである．関数の上の bar は Gauss 関数との合成積を意味するので，遠くに離れた流体粒子（すなわち，十分大きい r）における積分値は小さくなるという数学的な直観にも一応合っている．本書は，可能な限り，純粋数学的な記述で留めておきたい為，そういった scale-locality や space-locality といった物理的仮定に関してはあえて深入りしない．詳しい物理的な洞察に関しては，例えば Eyink[21] を参照されたい．

補足 6.2　ここで使われている "space-locality" は物理的仮定として強すぎる，というコメントを流体物理学者から頂戴することがあり，その点においては，まだまだ改良の余地があるということなのだろう．

　ここで $\tau^{(k,1)}$ を計算しよう．この後の enrgy flux の計算では，この 1 次近似の Reynolds 応力を使用する．Gauss 関数と r 次多項式との掛け算の積分から導かれる定数 C_K を使って

$$\tau_{ij}^{(k,1)} = C_K \sum_{h=1}^{d} \frac{\partial u_i^{[k]}}{\partial x_h} \frac{\partial u_j^{[k]}}{\partial x_h}$$

と表される．例えば，$d=2$ の場合は

$$\tau^{(n,m)} = \begin{pmatrix} \tau_{11}^{(k,m)} & \tau_{12}^{(k,m)} \\ \tau_{21}^{(k,m)} & \tau_{22}^{(k,m)} \end{pmatrix}$$

によって $\tau_{ij}^{(k,m)}$ が定義される．上の定数 C_K は K に依存し，かつ正になることはすぐに分かる．それは

$$\int_{\mathbb{R}^d} r_{i'} r_{j'} G_K(r) dr - \int_{\mathbb{R}^d} r_{i'} G_K(r) dr \int_{\mathbb{R}^d} r_{j'} G_K(r) dr = \int_{\mathbb{R}^d} r_{i'} r_{j'} G_K(r) dr$$

が，$i' \neq j'$ のときはゼロ，$i' = j'$ のときは正の値を取ることから分かる．より具体的には，

$$C_K = \int_{\mathbb{R}^d} r_1 r_1 G_K(r) dr = \int_{\mathbb{R}^d} r_2 r_2 G_K(r) dr$$

である．よって，結局のところ，energy flux Π_K は以下のように近似される．

$$\Pi_K = -\bar{S}_K : \tau^{(k,1)}. \tag{6.4}$$

この近似式 (6.4) を使って，まずは 3 次元の場合のスケール間のエネルギー移動を計算しよう．3 次元乱流の素過程として，"渦管の **vortex stretching**" を採用する．その素過程に沿った設定を以下に記述し，それが「大スケールから小スケールへの **energy transfer**」を実現していることを示す．$r = \sqrt{x_1^2 + x_2^2}$ に対して，小スケールの渦管から生成される速度場 $u^{[k]}$ を

$$\bar{u}^{[k]}(x) = \begin{cases} \begin{pmatrix} x_2 \\ -x_1 \\ 0 \end{pmatrix} & (r \leq 1/k) \\[2em] \dfrac{1}{(rk)^2} \begin{pmatrix} x_2 \\ -x_1 \\ 0 \end{pmatrix} & (r > 1/k) \end{cases}$$

と設定し，大スケールの速度場 $\bar{u}_K$ を

$$\bar{u}_K(x) = \begin{pmatrix} 0 \\ -x_2 \\ x_3 \end{pmatrix}$$

と設定しよう（厳密にはスケール $1/K$ を反映した定義にしないといけないが，ここではあまり重要ではないので，それを省略する）．この $\bar{u}_K$ の設定は，Goto-Saito-Kawahara[26] の乱流の素過程，すなわち，x_1 軸方向に antiparallel な渦管によって生成される速度場を想定している（次章を参照のこと）．このとき，$\tau^{(k,1)}$ は，直接計算により，

$$\tau^{(k,1)} = C_K \begin{pmatrix} 1 & 0 & 0 \\ 0 & 1 & 0 \\ 0 & 0 & 0 \end{pmatrix} \times \begin{cases} 1 & (r \leq 1/k) \\ \dfrac{1}{(rk)^4} & (r > 1/k) \end{cases} \tag{6.5}$$

と計算される．一方で $\bar{S}_K$ が

$$\bar{S}_K = \begin{pmatrix} 0 & 0 & 0 \\ 0 & -1 & 0 \\ 0 & 0 & 1 \end{pmatrix}$$

と計算されることはすぐに分かる．

演習問題 6.2 行列 (6.5) を求めよ．

よって **energy flux** Π_K は

$$\Pi_K = -\bar{S}_K : \tau^{(k,1)} = C_K \times \begin{cases} 1, & (r \le 1/k) \\ \dfrac{1}{(rk)^4}, & (r > 1/k) \end{cases} \tag{6.6}$$

と計算される．従って，それは正値関数となる．そのことによって大スケールから小スケールへの energy transfer が正当化される．

　最後に，その 2 元乱流におけるスケール間のエネルギーの移動を計算しよう．Kraichnan[33] に従うと，小スケールの **Kraichnan's vortex blob**（渦の小塊）と大スケールの双曲型流れがその 2 次元乱流の典型的な素過程である（以下の計算は Eyink [22] の Appendix B に依っている．Xiao-Wan-Chen-Eyink[42] も参照されたい）．Kraichnan's vortex blob の stream function ϕ は

$$\phi(x) = k^{-2} \exp\left(-\frac{1}{2}(x_1^2 + x_2^2)\right)\cos(kx_2)$$

と表現される．ここでは，k がスケールを反映しているとみなせる（cos 関数の Fourier 変換が平行移動となる点からも理解できる）．

$k :$ small　　　　　$k :$ large

図 6.4　Kraichnan's vortex blob のイメージ．

　また，同時に，この k は非等方性の度合いを表していると見ることもできる（前章の補足 5.23 を参照）．一方で，大スケールの速度場は

$$\bar{u}_K = \begin{pmatrix} x_1 \\ -x_2 \end{pmatrix}$$

と設定され，従ってそれに対応する rate-of-strain tensor は

$$\bar{S}_K = \begin{pmatrix} 1 & 0 \\ 0 & -1 \end{pmatrix}$$

と表現される（3 次元のときと同様，定義に K を反映させていない）．これが 2 次元乱流の素過程である（例えば，楕円形の細長い渦度が，その長径方向に沿ってより細長く引き延ばされる様子を表している）．

　ϕ は stream function なので，それに対応する小スケールの速度場 $\bar{u}^{[k]}$ は

$$\bar{u}^{[k]} = \nabla^\perp \phi =$$
$$\begin{pmatrix} k^{-2}x_2 \exp(-\frac{1}{2}(x_1^2 + x_2^2))\cos(kx_2) + k^{-1}\exp(-\frac{1}{2}(x_1^2 + x_2^2))\sin(kx_2) \\ -k^{-2}x_1 \exp(-\frac{1}{2}(x_1^2 + x_2^2))\cos(kx_2) \end{pmatrix}$$

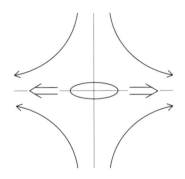

図 6.5 2次元乱流の素過程のイメージ.

と計算される. 従って $\tau^{(k,1)}$ は, k が十分大きい場合

$$\tau^{(k,1)} \approx \begin{pmatrix} \left(\exp(-\frac{1}{2}(x_1^2 + x_2^2))\cos(kx_2)\right)^2 & 0 \\ 0 & 0 \end{pmatrix}$$

と近似される. よって **energy flux** Π_K は

$$\Pi_K = -\bar{S}_K : \tau^{(k,1)} \approx -\left(\exp\left(-\frac{1}{2}(x_1^2 + x_2^2)\right)\sin(kx_2)\right)^2$$

と計算される. これは負値関数なので, 従って energy inverse transfer を表している. ただ, 上の洞察では, k を十分大きくとってしまっており, K とのスケール差がかなり大きくなってしまっている. k と K が近い場合のエネルギーの移動を洞察する場合は, もっと新しいアイデア・視点が必要になることであろう.

補足 6.3 本章で洞察した「スケール間のエネルギーの移動」では, 大スケールと小スケールの流体運動があたかも互いに独立にふるまっているかのような近似が施されている. より深いエネルギー移動のメカニズムを解明する為には, 実際はこの小スケールと大スケールの複雑な相互作用に着目しなければならないが, それは, 前章のノルム・インフレーションの数学的洞察によって初めて可能になったと言えよう (この vortex thinning という 2 次元乱流の素過程が前章のノルム・インフレーションの解の振る舞いとほぼ一致している点は特筆に値する).

第 7 章

Goto-Saito-Kawahara (2017) の Navier-Stokes 乱流

7.1　Navier-Stokes 乱流の素過程

　本章では，2017 年の Goto-Saito-Kawahara [26]（以下 GSK と略記）の **Navier-Stokes 乱流**の数値計算結果を簡単に紹介する（[10] も参照されたい）．GSK は，単純に「外力項付きの 3 次元 Navier-Stokes 方程式の数値解析」とみなせるので，Navier-Stokes 方程式に従事している純粋数学者に馴染みやすい数値結果である．前章でも指摘している通り，乱流研究では「スケール間のエネルギーの移動」のメカニズムを解明することが最も重要な課題であり，そのエネルギーの移動を実現する際に vortex stretching がキーワードになると紹介した．本章では，**GSK の数値計算結果を見ながら，乱流がどのようなvortex stretchingを生成しているのか**を紹介したい．まずは 3 次元 Navier-Stokes 方程式を以下に再掲しよう．GSK の数値計算結果に合わせて，$(\mathbb{R}/\mathbb{Z})^3$ 上で考察する．

$$\partial_t u + (u \cdot \nabla)u = -\nabla p + \nu \Delta u + f, \quad \nabla \cdot u = 0. \quad u|_{t=0} = u_0.$$

便宜上，エネルギー有限な初期値 $u_0 \in L^2$ が滑らかで，かつそれに対応する解も滑らかで，時間大域的に一意存在していると仮定しよう．外力に小ささを仮定しないので，そのような滑らかな時間大域解が一意存在するかどうかは現時点では未解決である．しかし，ここではあまり深く考えずに，とりあえず，「ミレニアム懸賞問題が解けている」と仮定しよう（ミレニアム懸賞問題自体は第 2 章で既に詳述している）[*1]．この章では $X = (x, y, z) \in (\mathbb{R}/\mathbb{Z})^3$ と置く．GSK では

1. $f(t, X) = \begin{pmatrix} -\sin(2\pi x)\cos(2\pi y) \\ \cos(2\pi x)\sin(2\pi y) \\ 0 \end{pmatrix}$,

---

[*1]　仮に爆発解の存在が示されたとしたら，その解の挙動と乱流の素過程との関連性を考える必要が出てくる．それは新たな研究課題となり得る．

2. $f(t, X) = \begin{pmatrix} \sin(2\pi y) \\ 0 \\ 0 \end{pmatrix}$,

3. $|k| \leq \sqrt{8}$ で $|\hat{u}_0(k)| = |\hat{u}(t, k)|$ となるように外力 f で調整する

という三つの外力に対する 3 次元 Navier-Stokes 方程式の大規模数値計算を進めている. なお (3) において 8 という数字が重要というわけではない. また, $\hat{u}$ は, 関数 u の Fourier 級数展開における Fourier 係数を表す. Navier-Stokes 方程式の解 u の渦度 $\omega := \nabla \times u$ に対して **bandpass-filter** をかけて, そこから得られる高渦度領域の振る舞いを見ることが主な目標となる. bandpass-filter のアイデアを以下に簡潔に述べよう (詳細に関しては, 原著論文を参照されたい). 数学的には, 円環

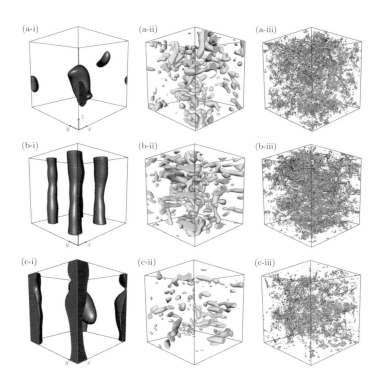

図 7.1　各外力に対する渦管：左から右にかけて大スケール, 中スケール, 小スケールの渦管を表し, 上段から下段にかけて, (3), (1), (2) の外力に対する渦の振る舞いを表している. 大スケールの高渦度領域の形状は, 各外力に依存しているように見受けられるが, 中スケール, 小スケールは外力にはもはや依存していないように見える. 表紙裏にカラーの図を掲載.

$$A_k := \{\xi \in \mathbb{Z}^3 : k/\sqrt{2} \le |\xi| \le \sqrt{2}k\}$$

に対する特性関数を χ_{A_k} と置く．ベクトル値関数 $q_k(t, X)$ を

$$q_k(t, X) = \mathcal{F}_\xi^{-1}[\chi_{A_k}(\xi)\hat{\omega}(t, \xi)](x)$$

と定義し，それを使って Q_k を

$$Q_k(t, X) := |q_k(t, X)|^2 \ge 0$$

と定義する．そして，この $Q_k(t, X)$ の値が（適切に）大きくなるところのみを抽出しその領域（高渦度領域）の振る舞いを調べる，というアイデアである．より具体的には，或る適切な閾値 $\Gamma_k(t) > 0$ を選出し，

$$\Omega_k(t) := \{X \in (\mathbb{R}/\mathbb{Z})^3 : Q_k(t, X) > \Gamma_k(t)\}$$

と定義し，この $\Omega_k(t)$ の形状を詳しく調べるのである．上の図 7.1 では三つの k を適切に選出し，それぞれの高渦度領域を可視化している（それぞれを大スケール，中スケール，小スケールと名付けよう）．大スケール，中スケール，小スケールそれぞれにおいて，worm 状（ミミズやサナダムシのように細長く足のない虫）の渦管が生成されていることが見て取れる．

図 7.2 では，外力が (2) の時の大スケールと中スケールを可視化している．特に (b) の図は分かりやすく，大スケールの渦管が歪み速度場（rate-of-strain tensor, x 軸方向に圧縮，y 軸方向に伸長）を生成していることが見て取れる．

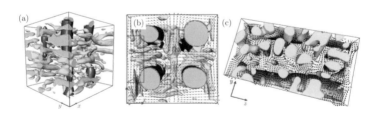

図 7.2　外力が (2) の時の大スケール，中スケールそれぞれの高渦度領域を可視化している．大スケールの渦管が生成する**歪み速度場 (rate-of-strain tensor)** に沿って中スケールの worm 状の渦管が生成されている様子が見て取れる．表紙裏にカラーの図を掲載．

　図 7.3 は，中スケールと小スケールを見比べている．いずれも，中スケールの高渦度領域の長軸方向から垂直な方向に小スケールの渦管が並んでいる様子が見て取れる．

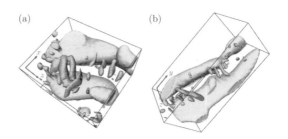

図 7.3　(a) は外力が (3) の時，(b) は外力が (1) の時の中スケール，小スケールの渦管を可視化している．これらは (a-ii), (b-ii) をそれぞれ拡大したものである．表紙裏にカラーの図を掲載．

　図 7.4 は，高渦度領域の渦度場が反対称性を有していることを示している．反対称性が rate-of-strain tensor を生成することは，第 5 章のノルム・インフレーションの証明でも本質的に使われている．

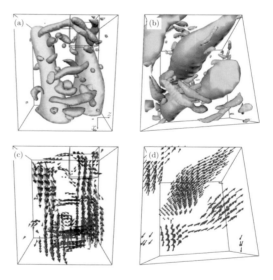

図 7.4　(a) は中スケールと小スケールの渦管の可視化，(b) は (a) の右上を拡大したもの（小スケールとそれより小さなスケールの渦管の可視化）．(c) と (d) はそれぞれの渦度場を可視化している．いずれも反対称性を持ったペアになっていることが分かる．裏表紙裏にカラーの図を掲載．

　図 7.5 では，渦管の振る舞いにある種の時間周期性を有することを示唆している．この点は，乱流の古典論だけでは説明できない GSK ならではの帰結である（Goto-Vassilicos[27] も参照のこと）．

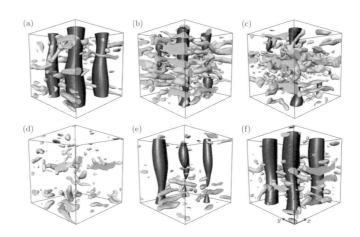

図 7.5　外力が (1) の場合の大スケールと中スケールの渦管の時間発展を可視化している．(a) から出発し (b), (c), (d), (e), (f) の順に時間発展している．図からは，ある種の周期性が見て取れる．本書では詳細は省くが，GSK ではこの図のような周期性 (quasi-periodicity) についても詳しく洞察されている．裏表紙裏にカラーの図を掲載．

以下に GSK で得られている数値結果をまとめよう．

- GSK では，反対称性を持つ渦管のペアがヒエラルキー階層を持っていることを確認している．そして，それが外力に依存しないメカニズムを有している．

- GSK では，そのヒエラルキー階層は主に **vortex stretching** によって生成されていることを確認している．或るスケールの渦，特に反対称性を持つ渦対は，その周囲に誘導する歪み速度場（**rate-of-strain tensor**）において，より小さい渦を（stretching することで）生成する．

- また，本書では触れなかったが，そのヒエラルキー階層における各階層の渦は，主に 2 から 8 倍の大きなスケールの渦によって stretching されていることが確認されている (**scale-locality**).

第 8 章
演習問題の解答

演習問題 2.1

直接計算を進めればよい.

$$P_n a \cdot n = \begin{pmatrix} \left(\dfrac{n_2^2 + n_3^2}{|n|^2}\right) a_1 - \dfrac{n_1 n_2 a_2}{|n|^2} - \dfrac{n_1 n_3 a_3}{|n|^2} \\ -\dfrac{n_2 n_1 a_1}{|n|^2} + \left(\dfrac{n_1^2 + n_3^2}{|n|^2}\right) a_2 - \dfrac{n_3 n_2 a_3}{|n|^2} \\ -\dfrac{n_3 n_1 a_1}{|n|^2} - \dfrac{n_3 n_2 a_3}{|n|^2} + \left(\dfrac{n_1^2 + n_2^2}{|n|^2}\right) a_3 \end{pmatrix} \cdot \begin{pmatrix} n_1 \\ n_2 \\ n_3 \end{pmatrix}$$
$$= 0.$$

演習問題 2.2

$n \neq (0,0)$ のとき

$$\frac{d}{dt} u_n^1(t) + i \sum_{n=k+m} (u_k(t) \cdot n) u_m^1(t) + |n|^2 u_n^1(t)$$
$$= i \frac{n_1^2}{|n|^2} \sum_{n=k+m} (u_k(t) \cdot n) u_m^1(t) + i \frac{n_1 n_2}{|n|^2} \sum_{n=k+m} (u_k(t) \cdot n) u_m^2(t),$$

$$\frac{d}{dt} u_n^2(t) + i \sum_{n=k+m} (u_k(t) \cdot n) u_m^2(t) + |n|^2 u_n^2(t)$$
$$= i \frac{n_2 n_1}{|n|^2} \sum_{n=k+m} (u_k(t) \cdot n) u_m^1(t) + i \frac{n_2^2}{|n|^2} \sum_{n=k+m} (u_k(t) \cdot n) u_m^2(t),$$

$n = (0,0)$ のとき

$$\frac{d}{dt} u_n^1(t) = 0, \quad \frac{d}{dt} u_n^2(t) = 0$$

が得られる.

演習問題 2.3

一問目：次の不等式

$$c_1 d_1 + c_2 d_2 + c_3 d_3 + \cdots \leq (c_1 + c_2 + c_3 + \cdots)(d_1 + d_2 + d_3 + \cdots),$$

$c_1, c_2, \cdots, d_1, d_2, \cdots \geq 0$ からすぐに分かる.

二問目：$|n|^2 t = (t^{1/2}|n|)^2$ と式変形し，変数変換 $z = t^{1/2}|n|$ を施す．$\sup_{z>0} z e^{-z^2} =: C$ と置けば，欲しい不等式が得られる．

演習問題 2.4

公比 $1/2$ の等比数列を使うと欲しい Cauchy 列が得られる．具体的には，三角不等式により

$$
\begin{aligned}
&\|h^j - h^\ell\| \\
&\leq \sum_{k=\ell}^{j-1} \|h^{k+1} - h^k\| \leq \sum_{k=\ell}^{j-1} (1/2)^k \|h^1 - h^0\| \quad \text{(ここで (2.11) を使った)} \\
&\leq (1/2)^\ell \|h^1 - h^0\| \frac{1 - (1/2)^{j-\ell}}{1 - (1/2)} \\
&= (1/2)^{\ell-1} \|h^1 - h^0\| (1 - (1/2)^{j-\ell}) \leq (1/2)^{\ell-1} \|h^1 - h^0\|.
\end{aligned}
$$

よって j の依存性を除くことができ，$\|h^j - h^\ell\|$ が $j > \ell \to \infty$ によって 0 へ収束することが示された．

演習問題 2.5

次の直接計算によってすぐに分かる．

$$e^t \int_0^t \frac{e^{-2s}}{\sqrt{t-s}} ds \geq e^t \int_0^1 \frac{e^{-2s}}{\sqrt{t-s}} ds \geq \frac{e^t}{\sqrt{t}} \int_0^1 e^{-2s} ds \to \infty \quad (t \to \infty).$$

演習問題 2.6

k と m による対称性（和の中の m と k は入れ替えられる）及び divergence-free 条件 $k_1 u_{k,1} + k_2 u_{k,2} = 0$ を使う．直接計算により

$$
\sum_{n=k+m} k_1(u_{k,1} n_1 + u_{k,2} n_2) u_{m,2} - \sum_{n=k+m} k_2(u_{k,1} n_1 + u_{k,2} n_2) u_{m,1} =
$$

$$
\sum_{n=k+m} k_1(u_{k,1} m_1 + u_{k,2} m_2) u_{m,2} - \sum_{n=k+m} k_2(u_{k,1} m_1 + u_{k,2} m_2) u_{m,1} =
$$

$$
\sum_{n=k+m} k_1(u_{k,1} m_1 + u_{k,2} m_2) u_{m,2} - \sum_{n=k+m} m_2(u_{m,1} k_1 + u_{m,2} k_2) u_{k,1} =
$$

$$
-\sum_{n=k+m} k_1 u_{k,1}(-m_1 u_{m,2} + m_2 u_{m,1}) - \sum_{n=k+m} m_2 u_{m,2}(-k_1 u_{k,2} + k_2 u_{k,1}) = 0
$$

が得られる．

演習問題 2.7

$w_n = n_1 u_{n,2} - n_2 u_{n,1}$ より，

$$|w_n| \leq |n_1||u_n| + |n_2||u_n| \leq |n||u_n|$$

だから

$$|w_n|^2 \leq |n|^2|u_n|^2$$

が得られる．一方で divergence-free: $n_1 u_{n,1} + n_2 u_{n,2} = 0$ により，$u_{n,1} = -\frac{n_2}{|n|^2} w_n$, $u_n^2 = \frac{n_1}{|n|^2} w_n$ $(n \neq 0)$ だから

$$|u_n| \leq 2\frac{|w_n|}{|n|} \quad n \in \mathbb{Z}^2 \setminus \{0\}$$

が成立する．結局，ノルム同値

$$|w_n|^2 \leq |n|^2|u_n|^2 \leq 4|w_n|^2$$

が示された．

演習問題 4.1

$\hat{\Phi}$ は有界かつコンパクトサポートを持つので，$(1 + |\xi|^2)^{s/2}\hat{\Phi}(\xi) \in L_\xi^2$ が得られる．よって Parseval の等式により，$\Phi^* \in L^2$ となる．また，$\hat{\Phi}$ に $(1 + |\xi|^2)^{\sigma/2}$ をかけても同様に有界かつコンパクトサポートを持つので，$(1 + |\xi|^2)^{\sigma/2}\hat{\Phi}(\xi) \in L_\xi^2$ となる．よって $\Phi^* \in H^\sigma$．σ は任意なので，Sobolev の埋め込み定理により $\Phi^* \in C^\infty$ である．

演習問題 5.1

直接計算によって

$$
\begin{aligned}
&-\partial_1 u_2(t,x) + \partial_2 u_1(t,x) \\
&= -\frac{1}{2\pi} \lim_{\epsilon \to 0} \int_{|y|>\epsilon} \left(\frac{y_2}{|y|^2}\partial_{x_2}\omega(t,x-y) + \frac{y_1}{|y|^2}\partial_{x_1}\omega(t,x-y) \right) dy \\
&= \frac{1}{2\pi} \lim_{\epsilon \to 0} \int_{|y|>\epsilon} \left(\frac{y_2}{|y|^2}\partial_{y_2}\omega(t,x-y) + \frac{y_1}{|y|^2}\partial_{y_1}\omega(t,x-y) \right) dy \\
&= -\frac{1}{2\pi} \lim_{\epsilon \to 0} \int_{|y|>\epsilon} \left(\partial_{y_2}\left(\frac{y_2}{|y|^2}\right)\omega(t,x-y) + \partial_{y_1}\left(\frac{y_1}{|y|^2}\right)\omega(t,x-y) \right) dy \\
&\quad + \frac{1}{2\pi} \lim_{\epsilon \to 0} \int_{\{-\epsilon<y_1<\epsilon, y_2=\sqrt{\epsilon^2-y_1^2}\}} \frac{y_2}{|y|^2}\omega(t,x-y)dy_1 \\
&\quad - \frac{1}{2\pi} \lim_{\epsilon \to 0} \int_{\{-\epsilon<y_1<\epsilon, y_2=-\sqrt{\epsilon^2-y_1^2}\}} \frac{y_2}{|y|^2}\omega(t,x-y)dy_1 \\
&\quad + \frac{1}{2\pi} \lim_{\epsilon \to 0} \int_{\{-\epsilon<y_2<\epsilon, y_1=\sqrt{\epsilon^2-y_2^2}\}} \frac{y_1}{|y|^2}\omega(t,x-y)dy_2 \\
&\quad - \frac{1}{2\pi} \lim_{\epsilon \to 0} \int_{\{-\epsilon<y_2<\epsilon, y_1=-\sqrt{\epsilon^2-y_2^2}\}} \frac{y_1}{|y|^2}\omega(t,x-y)dy_2
\end{aligned}
$$

が得られる．一つ目の式に関しては，$\partial_{y_2}(y_2/|y|^2) + \partial_{y_1}(y_1/|y|^2) = 0$ なので，ゼロとなることが分かる．二つ目から五つ目までの境界積分に関しては，

$y = (\epsilon \cos\theta, \epsilon \sin\theta)$ と変数変換を施す（境界積分が，三つ目と五つ目では逆回転となる点に注意する）．すると，

$$= \frac{1}{2\pi} \lim_{\epsilon \to 0} \int_0^{2\pi} \left(\frac{\epsilon \sin\theta}{\epsilon^2} \omega(t, x-y)\epsilon\sin\theta + \frac{\epsilon\cos\theta}{\epsilon^2}\omega(t, x-y)\epsilon\cos\theta \right) d\theta$$

$$= \frac{1}{2\pi} \lim_{\epsilon \to 0} \int_0^{2\pi} \omega(t, x-(\epsilon\cos\theta, \epsilon\sin\theta)) d\theta$$

$$= \omega(t, x)$$

が得られる．

演習問題 5.2

直接計算により

$$\partial_t \det D\eta = \partial_t(\partial_1\eta_1\partial_2\eta_2) - \partial_t(\partial_2\eta_1\partial_1\eta_2)$$

$$= \partial_1(u_1 \circ \eta)\partial_2\eta_2 + \partial_1\eta_1\partial_2(u_2 \circ \eta)$$

$$- \partial_2(u_1 \circ \eta)\partial_1\eta_2 - \partial_2\eta_1\partial_1(u_2 \circ \eta)$$

$$= (\partial_1 u_1 \circ \eta\partial_1\eta_1 + \partial_2 u_1 \circ \eta\partial_1\eta_2)\partial_2\eta_2$$

$$+ \partial_1\eta_1(\partial_1 u_2 \circ \eta\partial_2\eta_1 + \partial_2 u_2 \circ \eta\partial_2\eta_2)$$

$$- (\partial_1 u_1 \circ \eta\partial_2\eta_1 + \partial_2 u_1 \circ \eta\partial_2\eta_2)\partial_1\eta_2$$

$$- \partial_2\eta_1(\partial_1 u_2 \circ \eta\partial_1\eta_1 + \partial_2 u_2 \circ \eta\partial_1\eta_2)$$

$$= (\operatorname{div} u) \circ \eta \det D\eta = 0$$

が成立する．よって $\det D\eta \equiv 1$ が得られる．逆にいうと，上の式が「なぜ $\operatorname{div} u = 0$ が流体の非圧縮性を表しているのか」を端的に示している．

演習問題 5.3

$|x_i/r^2| \leq |x|^{-1}$ $(|x| \leq r)$ となることを勘案すると，

$$\|K_1\|_{L^{p'}} \lesssim \left(\int_{|x| \leq r} |x|^{-p'} dx \right)^{1/p'} = \left(\int_{|x| \leq 1} |x|^{-p'} dx \right)^{1/p'} r^{2/p'} \lesssim r^{1-2/p}.$$

演習問題 5.4

R_{ii} は

$$R_{ii}\omega(x) := \frac{1}{2\pi} \int_{\mathbb{R}^2} \frac{y_i}{|y|^2} \frac{\partial \omega}{\partial x_i}(x-y) dy = -\frac{1}{2\pi} \int_{\mathbb{R}^2} \frac{y_i}{|y|^2} \frac{\partial}{\partial y_i}(\omega(x-y)) dy$$

と表されることを思い出そう（t 変数を省略）．$K(x) = y_i/|y|^2$ と置くと，

$$|K(x)| \lesssim |x|^{-1}, \quad |\nabla K(x)| \lesssim |x|^{-2}$$

と評価ができることはすぐに分かる．積分核を特異点付近 K_1 と減衰部分 K_2 の二つに分解する．特に

$$K_2(x) = \begin{cases} 0, & \epsilon < |x| < r, \\ \dfrac{x_i}{|x|} \dfrac{2(|x| - r)}{(2r)^2}, & r < |x| \le 2r, \\ \dfrac{x_i}{|x|^2}, & |x| > 2r \end{cases}$$

と定義し，$K_1(x) = K(x) - K_2(x)$ と K_1 を定義する．すると，$\operatorname{supp} K_1 \subset \{x : |x| < 2r\}$, $|K_1(x)| \lesssim |x|^{-1}$, $|\nabla K_2(x)| \lesssim |x|^{-2}$ と評価されることが分かる．部分積分により

$$-\frac{1}{2\pi} \int_{\mathbb{R}^2} K_2(y) \frac{\partial}{\partial y_i} \left(\omega(x - y) \right) dy$$
$$= \frac{1}{2\pi} \lim_{\epsilon \to 0} \int_{|y| > \epsilon} \partial_i K_2(y) \omega(x - y) dy - \lim_{\epsilon \to 0} \int_{|y| = \epsilon} K_2(y) \omega(x - y) dy_i$$

が成立するが，K_2 は原点でゼロとなっているので，

$$\lim_{\epsilon \to 0} \int_{|y| = \epsilon} K_2(y) \omega(x - y) dy_i = 0$$

が得られる．直接計算により $\|K_1\|_{L^1} \lesssim r$, $\|\nabla K_2\|_{L^2} \lesssim r^{-1}$ が分かるので，Young の不等式により

$$\|R_{ii}\omega\|_{L^\infty} \le \|K_1 * \nabla \omega\|_{L^\infty} + \|\nabla K_2 * \omega\|_{L^\infty}$$
$$\lesssim r\|\nabla \omega\|_{L^\infty} + r^{-1}\|\omega\|_{L^2}$$

と評価ができる．$r = (\|\omega\|_{L^2} / \|\nabla \omega\|_{L^\infty})^{1/2}$ となるように r を選ぶことで，補間不等式

$$\|R_{ii}\omega\|_{L^\infty} \lesssim \|\omega\|_{L^2}^{1/2} \|\nabla \omega\|_{L^\infty}^{1/2} \tag{8.1}$$

が得られる．

演習問題 5.5
Biot-Savart law により

$$U_n(t, x) = \frac{1}{2\pi} \lim_{\epsilon \to 0} \int_{|y| > \epsilon} \frac{(-y_2, y_1)}{|y|^2} W_n(t, x - y) dy$$

であり，かつ，$W_n = \omega_n - \omega = \omega_{0,n} \circ \eta_n^{-1} - \omega_0 \circ \eta^{-1}$ であることを思い出そう．また，W_n のサポートは，$D_t := \{x : |x| \le C_1 + C_2 t\}$ の中に納まることが分かる（$C_1, C_2 > 0$ は n に依存しない定数）．それは，

$$|u_n(t, x)| \lesssim \int_{\mathbb{R}^2} \frac{1}{|y|} |\omega_{0,n} \circ \eta_n(t, x - y)| dy$$
$$\lesssim \sup_{\substack{\xi : \mathbb{R}^2 \to \mathbb{R}^2, \\ |D\xi| = 1}} \int_{\mathbb{R}^2} \frac{1}{|y|^2} |\omega_{0,n} \circ \xi(y)| dy \lesssim \int_{B(0, 1/4)} \frac{1}{|y|^2} dy$$

と評価できることから分かる．具体的に，定数 C_2 は $|u_n(t, x)| + |u(t, x)| \le C_2$ となるものを選ぶ．定数 C_1 は，初期渦度のサポートを包含するボールの半

径を選ぶ．よって U_n に Hardy-Littlewood-Sobolev の不等式（例えば [15] の Section 6.2 を参照）を適用すると，

$$\sup_{t\in[0,1]} \|U_n\|_{L^4} \lesssim \sup_{t\in[0,1]} \|W_n\|_{L^{4/3}(D_t)}$$

$$\lesssim \sup_{t\in[0,1]} |D_t|^{1/4}\|W_n\|_{L^2} \lesssim \sup_{t\in[0,1]} \|W_n\|_{L^2}$$

が成立し，従って欲しい不等式を得ることができた．

演習問題 6.1

素直に，丁寧に計算を進めればよい．すなわち，定義により

$$\overline{(\delta u^{[k]} \otimes \delta u^{[k]})_K} - \overline{(\delta u^{[k]})_K} \otimes \overline{(\delta u^{[k]})_K}$$
$$= \int_{\mathbb{R}^d} G_K(r)(u^{[k]}(x+r) - u^{[k]}(x)) \otimes (u^{[k]}(x+r) - u^{[k]}(x))dr$$
$$- \int_{\mathbb{R}^d} G_K(r)(u^{[k]}(x+r) - u^{[k]}(x))dr$$
$$\otimes \int_{\mathbb{R}^d} G_K(r)(u^{[k]}(x+r) - u^{[k]}(x))dr$$

が得られるが，それぞれを展開すると

$$= \int_{\mathbb{R}^d} G_K(r)(u^{[k]}(x+r) \otimes u^{[k]}(x+r))dr$$
$$- 2u^{[k]}(x) \otimes \int_{\mathbb{R}^d} G_K(r)u^{[k]}(x+r)dr + u^{[k]}(x) \otimes u^{[k]}(x)$$
$$- \int_{\mathbb{R}^d} G_K(r)u^{[k]}(x+r)dr \otimes \int_{\mathbb{R}^d} G_K(r)u^{[k]}(x+r)dr$$
$$+ 2u^{[k]}(x) \otimes \int_{\mathbb{R}^d} G_K(r)u^{[k]}(x+r)dr - u^{[k]}(x) \otimes u^{[k]}(x)$$

が得られる．打ち消し合う項が出てくるので，それを考慮に入れると，最終的に

$$= \int_{\mathbb{R}^d} G_K(r)u^{[k]}(x+r) \otimes u^{[k]}(x+r)dr$$
$$- \int_{\mathbb{R}^d} G_K(r)u^{[k]}(x+r)dr \otimes \int_{\mathbb{R}^d} G_K(r)u^{[k]}(x+r)dr$$
$$= \overline{(u^{[k]} \otimes u^{[k]})_K} - \overline{(u^{[k]})_K} \otimes \overline{(u^{[k]})_K}$$

が得られる．

演習問題 6.2

$r > 1/k$ の場合における $\tau_{11}^{(k,1)}$ と $\tau_{12}^{(k,1)}$ を確認すれば十分である．簡単のため $C_K = 1$, $k = 1$ とみなして計算する．

$$\tau_{11}^{(k,1)} = \frac{\partial u_1^{[k]}}{\partial x_1}\frac{\partial u_1^{[k]}}{\partial x_1} + \frac{\partial u_1^{[k]}}{\partial x_2}\frac{\partial u_1^{[k]}}{\partial x_2}$$

$$= \left(\frac{1}{r^2} - \frac{2x_2^2}{r^4} \right)^2 + \left(\frac{2x_1 x_2}{r^4} \right)^2$$

$$= \frac{1}{r^4} - 4\frac{(x_1^2 + x_2^2)x_2^2}{r^8} + \frac{4x_2^4}{r^8} + \frac{4x_1^2 x_2^2}{r^8} = \frac{1}{r^4},$$

$$\tau_{12}^{(k,1)} = \frac{\partial u_1^{[k]}}{\partial x_1} \frac{\partial u_2^{[k]}}{\partial x_1} + \frac{\partial u_1^{[k]}}{\partial x_2} \frac{\partial u_2^{[k]}}{\partial x_2}$$

$$= -\frac{2x_2 x_1}{r^4} \left(-\frac{1}{r^2} + \frac{2x_1^2}{r^4} \right) + \left(\frac{1}{r^2} - \frac{2x_2^2}{r^4} \right) \frac{2x_1 x_2}{r^4} = 0$$

が得られる.

あとがき

　まえがきにも述べた通り，筆者が乱流研究に本格的に興味を持ったのは 2017 年の 8 月に東大数理で開催された Summer School 数理物理「乱流とパーコレーション」における筆者自身の講演発表の時からです．より具体的には，その時の講演内容が，Goto-Saito-Kawahara[26] で述べられている乱流の素過程に通じるものがあると犬伏正信先生に指摘して下さったときからです．犬伏先生から紹介された GSK の論文が意外にすらすらと読めたのを今でも覚えております．$(\mathbb{R} \setminus \mathbb{Z})^3$ 上の非圧縮 Navier-Stokes 方程式の大規模数値計算から乱流の素過程を洞察している GSK のシンプルな道筋にシンプルに共鳴しました．

　私自身は純粋数学出身で，研究の出発点（修士学生の頃）は Fourier 解析でした．博士学生の時に偏微分方程式研究，特に Navier-Stokes 方程式のミレニアム懸賞問題周辺へと興味の幅を広げました．その後は，京都大学・数理解析研究所の山田道夫先生との「Rossby 波」に関する共同研究（Physica D, 2013）や，流体数値計算に詳しい金沢大学の野津裕史先生との「竜巻型流れ場」に関する共同研究（P-Y. Hsu, H. Notsu, T. Yoneda, J. Fluid Mech., 2016）をきっかけに，流体物理へと徐々に興味の幅を拡大してきました．より正確に申しますと，純粋数学的洞察が，流体物理現象の解明に有効であることに気付き始めた，ということです．

　今回のこの本の出版が，物理・数学の研究交流への一助となれば幸いです．バックグラウンドが違うからこそ，我々の想像を超える新しいアイデアや閃きが得られるのかもしれません．

参考文献

[1] 芦野隆一，山本鎮男，ウェーブレット解析 — 誕生・発展・応用，共立出版，1997.

[2] 新井仁之，フーリエ解析と関数解析学（数学レクチャーノート 基礎編），培風館，2001.

[3] 岡本久，Navier-Stokes 方程式の未解決問題，数理科学，No.455，数学の未解決問題 21 世紀に向けて 第 19 回，(2001)，67–74.
（上野健爾，高橋陽一郎，中島啓 共編，数学の未解決問題 –21 世紀数学への序章–，SGC ライブラリ-21，サイエンス社，(2003)，152–160 に所収.）

[4] 岡本久，ナヴィエ–ストークス方程式の数理，東京大学出版会，2009.

[5] 小川卓克，非線型発展方程式の実解析的方法，丸善出版，2013.

[6] 小薗英雄，Navier-Stokes 方程式 クレイ研究所ミレニアム懸賞問題解説，数学，**54**，(2002)，178–202.

[7] 小薗英雄，特集ナヴィエ–ストークス方程式，数学セミナー 2010 年 2 月号.

[8] 小林俊行，大島利雄，リー群と表現論，岩波書店，2005.

[9] 垣田高夫，柴田良弘，ベクトル解析から流体へ，日本評論社，2007.

[10] 後藤晋，発達した乱流 — エネルギーカスケードをめぐって，特集「広がり巻き込む乱流現象」，日本物理学会誌，**73**，(2018)，457–462.

[11] エリアス・M. スタイン，ラミ シャカルチ（新井仁之，杉本充，髙木啓行，千原浩之訳），フーリエ解析入門，日本評論社，2007.

[12] 深谷賢治，解析力学と微分形式（現代数学への入門），岩波書店，2004.

[13] 澤野嘉宏，ベゾフ空間論，日本評論社，2011.

[14] 木田重雄，柳瀬眞一郎，乱流力学，朝倉書店，1999.

[15] 儀我美一，儀我美保，非線形偏微分方程式 –解の漸近挙動と自己相似解–，共立出版，1999.

[16] 薮田公三，特異積分，岩波数学叢書，岩波書店，2010.

[17] J.-M. Bony, *Calcul symbolique et propagation des singularités pour les équations aux dérivées partielles non linéaires*, Ann. Sci. École Norm. Sup., **14**, (1981), 209–246.

[18] J. Bourgain and D. Li, *Strong ill-posedness of the incompressible Euler equations in borderline Sobolev spaces*, Invent. math., **201**, (2015), 97–157.

[19] J. Bourgain and D. Li, *Strong illposedness of the incompressible Euler equation in integer C^m spaces*, Geom. funct. anal., **25**, (2015), 1–86.

[20] F. M. Christ and M. I. Weinstein, *Dispersion of small amplitude solutions of the generalized Korteweg-de Vries equation*, J. Funct. Anal., **100**, (1991), 87–109.

[21] G. L. Eyink, *Multi-scale gradient expansion of the turbulent stress tensor*, J. Fluid Mech., **549**, (2006), 159–190.

[22] G. L. Eyink, *A turbulent constitutive law for the two-dimensional inverse energy cascade*,

J. Fluid Mech., **549**, (2006), 191–214.

[23] C. L. Fefferman, *Existence and smoothness of the Navier-Stokes equation*, http://www. claymath.org/sites/default/files/navierstokes.pdf

[24] H. Fujita and T. Kato, *On the Navier-Stokes initial value problem I*, Arch. Rational Mech. Anal., **16**, (1964), 269–315.

[25] Y. Giga, K. Inui, A. Mahalov and J. Saal, *Global solvability of the Navier-Stokes equations in spaces based on sum-closed frequency sets*, Adv. Diff. Eq., **12**, (2007), 721–736.

[26] S. Goto, Y. Saito, and G. Kawahara, *Hierarchy of antiparallel vortex tubes in spatially periodic turbulence at high Reynolds numbers* , Phys. Rev. Fluids, **2**, (2017), 064603.

[27] S. Goto and J. C. Vassilicos, *Local equilibrium hypothesis and Taylor's dissipation law*, Fluid Dyn. Res., **48**, (2016), 021402.

[28] A. A. Himonas and G. Misiołek, *Non-uniform dependence on initial data of solutions to the Euler equations of hydrodynamics*, Commun. Math. Phys., **296**, (2010), 285–301.

[29] S. Ibrahim and T. Yoneda, *Local solvability and loss of smoothness of the Navier-Stokes-Maxwell equations with large initial data*, J. Math. Anal. Appl., **396**, (2012), 555–561.

[30] T. Kato, *Remarks on the Euler and Navier-Stokes equations in $\mathbb{R}^2$*, Proc. Sym. Pure Math., **45**, Part 2, Amer. Math. Soc., Providence, RI, (1986).

[31] S. Kida, *Motion of an elliptic vortex in a uniform shear flow*, J. Phys. Soc. Jpn., **50**, (1981), 3517–3520.

[32] A. Kiselev and V. Šverák, *Small scale creation for solutions of the incompressible two-dimensional Euler equation*, Annals of Math., **180**, (2014), 1205–1220.

[33] R. H. Kraichnan, *Eddy viscosity in two and three dimensions*, J. Atmos. Sci., **33**, (1976), 1521–1536.

[34] S. Kuratsubo, E. Nakai and K. Ootsubo, *Generalized Hardy identity and relations to Gibbs-Wilbraham and Pinsky phenomena*, J. Funct. Anal., **259**, (2010), 315–342.

[35] Y. Koh, S. Lee and R. Takada, *Strichartz estimates for the Euler equations in the rotational framework*, J. Diff. Eq., **256**, (2014), 707–744.

[36] J. Leray, *Sur le mouvement d'un liquide visqueux emplissant l'espace*, Acta. Math., **63**, (1934), 193–248.

[37] D. Li and Ya. G. Sinai, *Blow ups of complex solutions of the 3D Navier-Stokes system and renormalization group method*, J. Eur. Math. Soc., **10**, (2008), 267–313.

[38] A. J. Majda and A. L. Bertozzi, *Vorticity and Incompressible Flow*, Cambridge Univ. Press, 2001.

[39] G. Misiołek and S. C. Preston, *Fredholm properties of Riemannian exponential maps on diffeomorphism groups*, Invent. Math., **179**, (2010), 191–227.

[40] R. Takada, *Local existence and blow-up criterion for the Euler equations in Besov spaces of weak type*, J. Evol. Eq., **8**, (2008), 693–725.

[41] J. Wu, *Solutions of the 2D quasi-geostrophic equation in Hölder spaces*, Nonlinear Anal., **62**, (2005), 579–594.

[42] Z. Xiao, M. Wan, S. Chen and G. L. Eyink, *Physical mechanism of the inverse energy cascade of two-dimensional turbulence: a numerical investigation*, J. Fluid Mech., **619**, (2009), 1–44.

索　引

著者略歴

米田 剛
よねだ つよし

1979 年 大阪府生まれ
2009 年 東京大学大学院数理科学研究科博士課程修了. 博士（数理科学）
2009–2011 年，アリゾナ州立大学，成均館大学校，ミネソタ大学 (IMA)，ヴィクトリア大学 (PIMS) のポスドク
2011 年 北海道大学大学院理学研究院数学部門 助教
2014 年 東京工業大学大学院理工学研究科 准教授
2016 年 東京大学大学院数理科学研究科 准教授 現在に至る.
数理科学研究科長賞 (2009)，井上研究奨励賞，日本数学会賞建部賢弘特別賞 (2012)，科学技術分野の文部科学大臣表彰若手科学者賞 (2014).

専門・研究分野 数理流体力学

SGC ライブラリ-156
数理流体力学への招待
ミレニアム懸賞問題から乱流へ
2020 年 1 月 25 日 ⓒ 初 版 発 行

著 者 米田 剛
発行者 森平敏孝
印刷者 加藤文男

発行所 株式会社 サイエンス社
〒151-0051 東京都渋谷区千駄ヶ谷 1 丁目 3 番 25 号
営業 ☎ (03) 5474-8500 （代） 振替 00170-7-2387
編集 ☎ (03) 5474-8600 （代）
FAX ☎ (03) 5474-8900 表紙デザイン：長谷部貴志

印刷・製本 (株)加藤文明社
《検印省略》

サイエンス社のホームページのご案内
https://www.saiensu.co.jp
ご意見・ご要望は
sk@saiensu.co.jp まで.

ISBN978-4-7819-1468-8

PRINTED IN JAPAN

臨時別冊・数理科学（SGC ライブラリ- 150：for Senior & Graduate Courses）

幾何学から物理学へ

物理を圏論・微分幾何の言葉で語ろう

谷村　省吾　著

定価 2465 円

本書は，圏論・微分幾何の基本概念と，微分幾何の物理への応用についての解説書である．前書『理工系のためのトポロジー・圏論・微分幾何』（2006 年；SGC-52，電子版：2013 年；SDB Digital Books 2）では説明しきれなかった数学概念について詳しい説明を補い，かつ，もの足りなかった応用編の部分を拡充することが，本書の狙いである．本誌の連載「幾何学から物理学へ─物理を圏論・微分幾何の言葉で語ろう」（2016 年 8 月〜2019 年 1 月（全 20 回））の待望の一冊化．

サイエンス社

臨時別冊・数理科学（SGC ライブラリ-147: for Senior & Graduate Courses）

極小曲面論入門
その幾何学的性質を探る

川上裕・藤森祥一　共著

定価 2291 円

極小曲面の研究は今もなお進展し続けている．本書では，ユークリッド空間の極小（超）曲面の基本的性質および極小曲面におけるエネパー・ワイエルシュトラスの表現公式とそれから得られる極小曲面の例や幾何学的性質を解説する．

サイエンス社

臨時別冊・数理科学（SGC ライブラリ-132：for Senior & Graduate Courses）

偏微分方程式の解の幾何学

坂口 茂 著

定価 2241 円

解の存在，一意性，安定性，滑らかさ，漸近挙動，定量的・定性的性質等を研究対象としてきた偏微分方程式論において，幾何学的洞察は重要な役割を演じ様々な結果を導いてきました．本書は数理物理に現れる偏微分方程式で記述されるいくつかの数理モデルの解からその幾何学的性質のいくつかを数学解析の手法を用いて抽出することを主な目的とし，その過程で幾何学的洞察・手法やこれまで偏微分方程式論で培われてきた基礎理論の有用性を垣間見ていきます．

サイエンス社

臨時別冊・数理科学（SGC ライブラリ-130：for Senior & Graduate Courses）

重点解説 ハミルトン力学系
可積分系とKAM理論を中心に

柴山　允瑠　著

定価 2394 円

ハミルトン力学系は，天体力学をはじめとする古典力学のみならず，測地流や流体力学の渦点系など様々な力学系を含む．本書はハミルトン力学系の基礎から始め，可積分系やその摂動である近可積分系の理論について詳説し，著者の講義経験も活かされた，当該分野の概要を知るのに打ってつけの一冊となっている．第1章から第3章まではハミルトン力学系の基礎事項を，第4章では可積分系の基礎理論を，第5章では可積分系を摂動した「近可積分系」についての基本事項をそれぞれ解説し，第6～8章ではKolmogorov, Arnold, Moser により打ち立てられた近可積分系に関する20世紀最大の成果の一つ「KAM理論」を詳しくとり上げている．読者が具体例を通して様々な理論に対し興味を持ち，理解を深められるよう，具体的な力学のモデルを多くとり入れた．

サイエンス社

臨時別冊・数理科学（SGC ライブラリ-129 : for Senior & Graduate Courses）

数理物理学としての微分方程式序論

小澤　徹　著

定価 2424 円

本書は，主として物理現象を例に取り，現象の本質を記述する言葉（言語）である数学の機能が埋め込まれた対象としての微分方程式を論じたものである．本誌の連載「微分方程式を考える―数学は現象をいかに記述しているか」（2014年7月～2016年7月）の待望の一冊化.

サイエンス社